虫洞书简②

给青少年的88堂创意课

王溢嘉 著

台海出版社

图书在版编目（CIP）数据

虫洞书简 .2, 给青少年的 88 堂创意课 / 王溢嘉著
. -- 北京：台海出版社，2021.8
ISBN 978-7-5168-3029-1

Ⅰ. ①虫… Ⅱ. ①王… Ⅲ. ①创造性思维—青少年读
物 Ⅳ. ① B84-49 ② B804.4-49

中国版本图书馆 CIP 数据核字（2021）第 104967 号

著作权合同登记号 图字 01-2021-2847
作品原名：《别白忙了！兑现创意才是王道》
作者：王溢嘉
合作项目：锐拓传媒 copyright@rightol.com

虫洞书简 .2, 给青少年的 88 堂创意课

著　　者：王溢嘉

出 版 人：蔡　旭
责任编辑：赵旭雯　　　　　　封面设计：末末美书

出版发行：台海出版社
地　　址：北京市东城区景山东街 20 号　邮政编码：100009
电　　话：010 — 64041652（发行，邮购）
传　　真：010 — 84045799（总编室）
网　　址：www.taimeng.org.cn/thcbs/default.htm
电子邮箱：thcbs@126.com

经　　销：全国各地新华书店
印　　刷：三河市嘉科万达彩色印刷有限公司
本书如有破损、缺页、装订错误，请与本社联系调换

开　　本：880 毫米 ×1230 毫米　1/32
字　　数：155 千字　　　　　印　　张：9
版　　次：2021 年 8 月第 1 版　印　　次：2021 年 8 月第 1 次印刷
书　　号：ISBN 978-7-5168-3029-1

定　　价：49.80 元

/ 序言 /

做个带来改变，开创人生与世界新局的人

你是否有过如下的牢骚和纳闷:“我不想再过这样的生活了！但为什么我看不到新方向？想不出摆脱困境的方法？无法为自己的人生带来改变？”但在发发牢骚、纳闷一阵子后，却又悄悄地回到常轨，安于同样的生活。再次发出牢骚和纳闷，可能是十年、二十年后的事，不消几次循环，人生就这样过去了。

如果你不想再陷入这个消耗人生的泥沼，而想为自己开创新局，那你就要学习成为一个“创造者”。并不是只有发明新事物、产生新理论、提出新方法才叫作“创造”，所有跟过去、跟别人不一样的新想法和做法，都可以是“创造”。如果你能为自己的人生引进新观点、添加新元素、开拓新领域，而有跟过去、跟别人不一样的人生，那当然也是来自你的“创造”。

创造无所不在，所有创造者都是“带来改变的人”，他们以其创造力或创意改变了我们的生活和观念、改变了社会和世界，当然也改变了他们自己的人生。很多人以为创造力或创意像是某种神秘的禀赋，只为少数“天才”或“智者”所拥有，这种想法其实相当错误。不仅人人都有创造力，它还可以经由学习和磨炼而精进；当然它也可能因受压制与摧残而消失。你是要让自己更有创意或沦为全无创意，端看你自己怎么想、怎么做。命运掌握在你手中，创意也掌握在你手中。

但要成为一个创造者，似乎也不是一件容易的事。因为很多人以为创意就是“创异”，只要能“异”想天开、不同“凡”想、有了“好点子”，那改变和创新就成了囊中物。这未免又把问题看得太简单了，一个完整的创造活动通常含有三个步骤：一是**要有敏锐的知觉力，能从周遭世界中辨认出被他人忽视的信息**；二是**要能从事活泼的思考，将观察到的信息做有意义的组织**；三是**要具备相当的毅力和勇气，将观察和思考所得公之于世、付诸实现**。要让创意成真，这三个步骤缺一不可，有人光有好点子，但却缺乏不怕挫折的毅力、不畏他人批评的勇气，而一直停留在“空想”的阶段；有人很勤奋也很有毅力，但却不会思考，而一再地做“白工”。

这些，其实都是很可惜的事。说可惜，因为它们原本是可以改变的，可以经由学习而改变，但却错失了良机。

基于这个原因，同时有鉴于坊间谈论创造的书籍内容都太过局限性，笔者于是以我过去所写的《创异启示录》（已绝版）为蓝本，做了相当幅度的增删与修改，改版后的新书分为“你必须打破的十七个框框”“为你带来创新的二十一种思考”“让你成为创造者的十九个特质”“提供你灵感的十九道窍门”“助你迸出创意火花的十三项交会”五大单元，每个单元里的每个子题都由数个创造者现身说法，与读者分享他们的经验，告诉你是什么样的心态、思考方式、人格特质、际遇和碰撞而使他们成为创造者的。这些人遍布于古今中外的各行各业，有广泛的代表性，观念与实务兼备，目的是想为有心成为创造者、想要开创人生新局、改变自己和世界的人提供更具体、实用的指引和最佳的学习对象。就像前面所说，创造力是可以学习的，也是必须学习的，希望本书能成为你最佳的学习手册。

每个人都希望改变，改变自己的观念和做法，改变自己的人生和处境，甚至改变这个国家和全世界。但你是在等待改变还是在寻求改变？就像前美国总统奥巴马所说：“如果我们在等待另外某个人或某个时刻，那么改变就不会来到。

我们就是我们一直在等待的人，我们就是我们在寻找的改变。”从这个地方、这个时间点，认真学习做个创造者，就是你在寻找的改变的开始。

王溢嘉

目　录

Contents

第一章 | 你必须打破的十七个框框

第五章 | 助你迸出创意火花的十三项交会

01

第一章

你必须打破的十七个框框

人不是命运的囚犯，而是他自己心灵的囚犯。

——罗斯福

无形监牢：你是“跳蚤马戏团”的一员吗？

卢梭说：“人生而自由，却无处不在枷锁之中。”要想挣脱枷锁、跳出框框，就必须先知道自己被监禁。

很多人抱怨说他们没有能力创造，其实，他们不是没有创造力，而是失去了创造力。要了解这里面的情况，也许该先来个测验，下面就是个有趣的题目：“请用六根火柴棒排出四个三角形，但不能将火柴棒折断。”

如果你排了五分钟还排不出来，也不必灰心丧气。因为调查显示，大多数人都排不出来。在公布答案之前，我们想先谈一下跳蚤。跳蚤之所以叫跳蚤，因为它前进不是用走的，而是用跳的，而且一跳可以跳到身体高度的一百倍。但德国汉斯马戏团里的跳蚤却是用走的，更会表演拉车的特技（当然，观众需用放大镜来观赏）。为什么会有这种离奇的怪事呢？原来是马戏团的驯蚤师对跳蚤施以特殊的教养。首先，驯蚤师将跳蚤关在玻璃箱内，玻璃盖的高度要比跳蚤跳跃的高度低，跳蚤一跳，头就碰到玻璃盖，它慢慢地就不敢再跳那么高；然后，驯蚤师逐步降低玻璃盖的高度，跳蚤怕痛，只好越跳越低；到最后，跳蚤在盖子压顶下，就不敢再跳而只能用走的。经过这种特殊的教养，跳蚤终于失去了与生俱来的跳跃能力。

前面那道题目的答案其实很简单，就是将六根火柴棒叠成一个金字塔，不就出现四个正三角形了吗？很多人在知道答案后，会在心里嘀咕："你又没有说可以做三维空间的立体排列！"但题目里也没有说你"不可以"做三维空间的立体排列啊！其实，多数人都是自我设限，自己绑自己，只会将六根火柴棒在一个平面上东挪西移，而不能或不敢从事三维空间的思考。这和被盖子压顶而无法跳跃的跳蚤有什么两样呢？

那我们是怎么失去创造能力的呢？下面这个故事也许可以提供我们部分的答案：有一位幼儿园的小朋友，第一次听到老师说华盛顿小时候砍倒樱桃树的故事，听得津津有味。老师在说完故事后问："各位小朋友，你们知道华盛顿的爸爸为什么会原谅他吗？"他立刻举起手，抢着回答说："因为华盛顿的手上还拿着斧头！"班上的同学听了都哈哈大笑，老师则摇摇头，严肃地说："不对！不对！爸爸会原谅他，因为华盛顿是个诚实的小孩。”他搔搔头，不好意思地看了老师一眼，默默坐下来。

这个小孩想的其实也没错，如果爸爸不原谅华盛顿，反而骂他甚至打他，华盛顿控制不住，说不定就会拿着手上的斧头乱挥乱砍，那多危险啊！“因为华盛顿的手上还拿着斧头！”其实是个很有创意的答案，但却不被社会所认可。我们都曾经当过小孩，对很多问题其实都有过很多看法，但却有人皱着眉头说这个不对，那个也不对，最后只剩下“因为华盛顿是个诚实的小孩”这个答案，于是我们有了教养，成了像德国汉斯马戏团里被驯养的跳蚤，失去了跳跃的能力，失去了创新的能力。

压住我们而使我们失去创新能力的盖子是无形的，那也许是我们过去所受的教育、所习染的传统观念，也许是我们惯性的思考模式、单调的生活环境。它们像一个个牢笼，我们受其监禁与驯化而不自知，只能在一个小框框内思考，忘了自己原有一个海阔天空、充满创意的心灵。

创造者就是挣脱牢笼、跳出框框的人。人跟跳蚤不一样的地方是，跳蚤一旦被驯养，就很难恢复跳跃的能力，但人类会反省。要想挣脱牢笼、跳出框框，必须先知道自己被监禁。只有挣脱无形的牢笼，才能释放我们被监禁的创造力。

这不可能：什么样的人能得诺贝尔奖？

所有的创新者都在告诉你："这怎么可能？"只是你自己绑自己、不想改变的一个思想樊笼。

如果问你："什么样的人可以得诺贝尔物理学奖或化学奖？"多数人心中浮现的几乎都是拥有博士及教授头衔、发表过无数论文、在世界一流大学主持一个尖端研究计划的知名学者……二〇〇二年十月九日，瑞典皇家科学院公布当年三位诺贝尔化学奖得主之一为日本的田中耕一，消息传回日本时，日本学术界和传播界的第一个反应不是欣喜，而是震惊！因为几乎没有人知道田中耕一是何许人。几经查访探听，大家才知道，田中耕一既非学者，亦非教授，而是京都岛津制作所分析测量事业部里的一名技术人员，他的最高学历是日本东北大学电气工学系学士，得奖依据是他毕业后四年所发明的"对生物分子的质谱分析法"。

“这怎么可能？”很多人不仅怀疑，而且对瑞典皇家科学院提出批评，但该院的诺贝尔化学奖评委会坚定认为，颁奖给田中耕一乃是正确的决定，因为诺贝尔奖的宗旨是在奖励“率先提出改变他人思维方式和观念的人”，而田中耕一正是开启生物大分子新研究领域大门的“第一人”，他的获奖当之无愧。世人和很多科学家之所以“无法接受”，说穿了就是他们跳脱不出“诺贝尔奖得主”的刻板印象，对出身低微的田中耕一有一种“非理性的鄙视”。该委员会决定颁奖给田中耕一，不只在奖励他率先改变了科学界的思维方式和观念，同时也希望能“改变”世人对诺贝尔奖得主的刻板印象。

为个人及全人类带来突破与创新的，都是“化不可能为可能”的人，在以新发明、新发现、新方法改变大家生活的同时，他们更想改变大家的想法——“这怎么可能？”只是你自己绑自己、不想改变、自我囚禁的一个思想樊笼。

在人类田径运动史上，有一个很有名的“四分钟魔咒”：一九四五年，当冈德·哈格以四分零一秒四的佳绩跑完一英里①，缔造空前的纪录后，当时所有的田径好手和生理学家都认为，这已经是人类最大的能耐了，想用四分钟跑完一英里

---

① 一英里约为一千六百米。

根本是“不可能的事”，因为它超出了人类身体和生理的极限。接下来好几年，果然都没有人能破除这个“魔咒”，于是有越来越多人相信，它不只是“魔咒”，更是一个“客观的事实”。但英国的罗杰·班尼斯特却偏偏不信邪，他在平日训练时，都以“破除魔咒”来激励自己，结果在一九五四年五月，他真的以三分五九秒四跑完一英里，让举世为之震惊和喝彩。更令人惊讶的是，四十六天后，另一个英国选手约翰·兰迪又以三分五八秒零的成绩打破了班尼斯特的纪录；而更让人跌破眼镜的是，在接下来短短一年内，以少于四分钟跑完一英里的选手竟高达三十七人；再随后一年，更多达三百人。

为什么会有这种现象？显然不是世界各地一下子忽然冒出这么多的田径高手，而是不信邪的班尼斯特挣脱了思想樊笼，化不可能为可能，为自己带来了突破，同时也帮大家解除了他们的心理魔咒和束缚，让他们能无碍地发挥潜能，为自己缔造佳绩。

生命是由无数的“可能”和“不可能”所组成，谁也不知道它们的界线在哪里。但只有不信邪的人才能从“不可能中看出可能”，而且“化不可能为可能”。

僵硬分类：影响萧伯纳最深远的一本书

人生活在各种定义、分类与秩序之中。但只有创新者知道，所有的定义、分类与秩序都等待被触犯、被打破。

英国知名的剧作家萧伯纳学养宏富，幽默风趣，有一次接受采访，记者在最后问他一个老掉牙的问题："请问影响您最深远的一本书是什么？"萧伯纳面露谜样的笑容，回答说："银行存款簿。"

也许这只是在开记者的玩笑，但却是一个很有创意的答案。如果你怀疑："银行存款簿怎么能算书？"那请问你什么叫作"书"？是"启迪或愉悦心智的图文资讯"吗？那图文并茂的电脑磁盘或光碟算不算"书"？是"有相当页数的印刷品"吗？那银行存款簿为什么就不是书？只要你广为搜罗，认真去推敲，你就会发现我们关于书的每个定义都是捉襟见肘，有很多漏洞的。

人类的思考有一个特性，就是喜欢将东西分门别类，加以指名（譬如这是书，那是椅子），并纳入井然的秩序中。它的好处是可以让我们快速、不假思索地从事筛选，进入情况。但缺点是所有的分类都难免流于僵硬，而使我们平白丧失以新奇、有创意的方式去思考的机会。萧伯纳所回答的"银行存款簿"，打破了我们习以为常关于"书"的类别概念，但也开启了另一种思维。如果能把"银行存款簿"做成或当成一般的"书"来翻阅，把学校的"教科书"看作未来的"银行存款簿"来研读，想必都能有一番新的体验和滋味。

哈佛大学的心理学家兰格曾经做过一系列实验，显示如果能对僵硬的分类表示怀疑，将有助于开启创意之门。譬如其中有一个实验，兰格给甲乙两组学生（每组十人）每人一个橡胶制品，用不确定的口气对甲组学生说："这可能是给狗啃咬的玩具。"而对乙组学生则是以肯定的口气说："这是给狗啃咬的玩具。"在实验中途，兰格故意写错了东西，而必须将它擦掉，但手边却没有橡皮擦。这时，甲组学生中有四个人说他们手上的东西可以当橡皮擦，但乙组学生中想到这个点子的却只有一人。

橡皮擦也是用橡胶做的，学生手上的橡胶玩具也有橡皮擦的功能，但僵硬的"狗玩具"定义和分类概念却阻碍了它的潜在功能。这种分类概念越明确，对创意思维的阻碍就越大。一个实际的例子是：现在非常普遍，而且对传统手表产生销售威胁的石英表，其实最先是由瑞士的钟表公司发明的，但因为他们拘泥于传统的钟表定义，认为要由精细的、能转动的、相互牵连的部分组成的机器才叫作“表”，石英表不是“表”，所以他们不愿意生产这种东西，结果将大好机会拱手让人。

关于书的分类，另有一个笑话说：有一名年轻男子走进一家分类妥善的书店，瞄了柜台后的中年妇女一眼，问道：“请问有没有卖男人如何控制女人的书？”中年妇女也瞄了他一眼，说：“当然有。”年轻男子又问：“放在哪里？”中年女店员回答：“在左边墙角，标明‘幻想小说’的那个柜子有几本。”

“男人如何控制女人”的书，习惯被归在“实用心理学”或“两性关系”的类别，把它归在“幻想小说”类别显然是一种错置，但这种错置却不仅让人莞尔而笑，而且产生一种新的可能性思考：所谓“男人如何控制女人”也许真的只是一种“幻想”吧？

想要看出新的可能性，对问题进行有创意的新思考，你就必须先打破对事物僵硬的定义和分类模式。

功能固着：你会拿黑桃 A 当名片吗？

多数人受限于每种东西固定的、约定俗成的功能；但创新者却在每种东西身上看出另一种功能或更多功能。

美国幽默作家达蒙·伦扬曾在报社工作过。去报社应聘那一天，他坐在门外，等候忙得不可开交的主编的约见。等了半天，一位小弟出来传话："主编要我先把你的名片送进去。"伦扬身上连张名片都没有，但口袋里刚好有副扑克牌，他灵机一动，于是挑出黑桃 A，说："就拿这张给主编吧！"结果他立刻获得召见，而且马上获得那份工作。

每种东西都有它固定的功能，扑克牌原本是用来供打桥牌、梭哈或二十一点等牌戏用的，但若认为扑克牌只能做牌戏用，那就成了"功能性固着"，伦扬用扑克牌当名片，而且以黑桃 A 来代表自己，表示他跳出"功能固着"的框框，创意十足，难怪主编会对他刮目相看。

其实，每种东西都可以有另一种功能或更多种功能。有人用废弃的旧轮胎做秋千、当花盆；有人以用过的吸管编篮子；有人买了一架闲置老飞机，改装内部，在美国佛罗里达开了一家飞机餐馆，生意好得很。飞机的功能不限于飞行，厕所的功能当然也不只是方便，美国史迪威广告公司就将厕所的墙壁开发成美轮美奂的广告看板，收视率相当高，不仅广告客户欢迎，上厕所的人也欢迎。这些都是创意。

每个商家或企业的经营项目也都不是固定的，可以有各种意想不到的商机。譬如德国有名的奇堡咖啡连锁店，除了卖咖啡外，还兼营贩售手机及移动通信的一切服务。而东日本铁道公司为了兴建新干线，在挖掘穿越谷川岳的隧道时，隧道内严重出水，当工程师忙着拟定如何将不停涌出的水排出时，一个负责安全检查的工人尝了尝这些水，发现味道相当清凉可口，于是向上级建议，干脆将它们做成矿泉水来贩售，于是东日本铁道公司生产了叫作“大清水”的矿泉水来贩卖，业绩高达六千万美金。

东日本铁道卖矿泉水，台盐当然也可以卖玻尿酸。原本因盐业需求减少而日渐萎缩的台盐公司，打破原来只生产盐与盐相关产品的“固着性功能”，扩大为生产各类海水化学产品、沐浴藻皂、牙膏、洗发剂、海水养殖及其加工产品、鱼类生长激素等，后来更开发热门的胶原蛋白和玻尿酸，俨然成为一个尖端的生物科技公司，并将形同废弃的七股盐场开发成休闲旅游的“盐业文化园区”。正因如此，台盐的业绩蒸蒸日上，股价节节升高，可说是台湾最有创意、转型最成功的公营企业，它的本业——盐的生产与销售反而只占其总业绩的一小部分而已，说不定有一天连盐都不卖了，但谁说台盐一定要卖盐？

台盐可以生产胶原蛋白、卖玻尿酸，你也可以当圣诞老人、打咏春拳。要想创新，就不能故步自封，就必须跳出各种“功能性固着”的框框。

拘泥目标：从微波炉到微软

有明确的追寻目标，才能有明确的前进方向。问题是，那些带来伟大创新的人，往往是放弃原来目标、改变计划的人。

现在几乎是家家必备的微波炉（microwave），它最早的发明者是斯宾塞。斯宾塞原先的工作跟烹饪厨具完全无关，事实上，在二次世界大战时，他任职于雷西恩公司，负责制造用来侦测飞机与船舰雷达系统中的磁电管（微波真空管）。但在工作中，他注意到当他双手握着靠近磁电管时，双手会有温热的感觉，后来更发现自己口袋里的一根棒棒糖因为他靠近磁电管而融化了。

这跟雷达的侦测飞机完全无关，但他忍不住放慢脚步寻思，觉得微波可能有烹饪的功能，于是“不务正业”的他做了爆米花实验，结果相当不错。最后他在公司主管面前示范，当场微波一个鸡蛋，鸡蛋热得爆裂开来。公司主管因而相信微波的确具有以前想都没想过的烹饪功能，继而积极开发，厨房新宠微波炉就是这样来的。

现在也几乎是家喻户晓的微软公司（Microsoft），它的创办人比尔·盖茨，虽然在就读西雅图湖畔中学时，就显露他对电脑的兴趣与天分，但他还是在父母的建议下去读哈佛大学的法律系，一边读书一边研究电脑，并协助一家公司开发BASIC程序设计语言，未满二十岁的他意识到“软件时代的来临，洞烛晶片的长期发展潜能，这意味着什么？如果我现在不去抓住机会反而要去完成我的哈佛学业，那么软件工业绝对不会原地踏步等着我”。于是他毅然从哈佛退学，全心投入新兴的电脑软件行业。当时，盖茨曾游说他在哈佛大学的一位同学科莱特也退学，跟他一起去开发三十二位元的财务软件，但科莱特却觉得他要照既定目标先完成大学学业，甚至得到博士学位，精通三十二位元的软件程式后再去工作，所以婉拒了盖茨的邀请。几年后，科莱特照计划得到了博士学位，准备进入市场一展身手时，盖茨却已开发出更快速的另一套财务软件，而且成了世界首富。如果当初盖茨不毅然放弃学业，改变计划，那可能就不会有今天的微软公司。

微波炉的发明和微软公司的创建与成功，可以说都是“既定目标之外”的。有人也许会说这是“瞎猫碰到死耗子”，但其实应该说是“灵猫遇见活鲜鱼”，因为斯宾塞和盖茨并非无所事事、迷失方向的“瞎猫”，他们都有明确的工作目标——制造磁电管和接受大学教育，他们其实比较像“灵猫”，这两只猫跟多数的猫一样，原都是以“找到老鼠”（分内工作）为既定目标的，但在途中，他们无意撞见了一尾“活鲜鱼”，虽然与他们既定的目标无关，但他们“见异思迁”，很有兴致地加以品味，结果就发现了一个美丽新世界。

有人曾请教知名的火箭专家布劳恩一个问题：“什么叫作基础研究？”布劳恩回答说：“所谓基础研究，就是我不知道我在研究的是什么。”一个有明确目标的研究，通常只是科学史学家科恩所说的“常态的解谜活动”而已，但真正带来创新的研究往往是不知道“自己在追寻什么”，就像毕加索所说“我并不追寻，我只是发现”，那让人惊喜的发现，经常是我们所未寻找的东西。这个意思不是说你不必有任何目标、任何计划，而是不必太过拘泥于这些。当你走在既定的路途上不经意发现某些有趣的异象时，你大可“见异思迁”，转个弯，因为里面可能隐藏了一个未知的广阔世界。

知识魔咒：清洁工和小学生给专家上了一课

真正阻碍我们创新的，不是缺乏知识，而是太多知识。每一种知识都提供我们一种见解，但也塞给我们一个框框。

全世界第一部户外电梯，于一九五六年出现在加州圣地亚哥的科特大饭店，这是一种创新，因为以前的电梯都是装在室内的，但提出这个新点子的人却让人感到有点意外。原来科特饭店在那段时间生意日渐兴隆，狭小老旧的室内电梯已无法应付越来越多顾客的需求，饭店老板于是找来一流的建筑师和工程师，讨论如何扩建新式电梯。建筑师和工程师讨论了一个下午，提出建议：为了安装更多室内电梯，饭店必须歇业半年，以便在每个楼层打洞，并在地下室安装新马达。这样的建议当然令饭店老板大感为难，当双方在饭店大厅议论纷纷时，一个在旁边拖地板的服务生忍不住插嘴说："可不可以将电梯建在户外呢？"真是一语点醒梦中人。在户外新增电梯，不仅施工较容易、花费较少，而且饭店还可以继续营业。

全世界第一部户外电梯的点子就是这样来的。为什么那群工程师、建筑师反而没想到这个点子呢？因为他们的脑中装满了如何建造户内电梯的烦琐知识，他们一头栽进去就出不来了，而“没有知识”的拖地板服务生“没有框框”，无遮无碍，反而看出了更基本的问题。

一九九八年四月，全球知名的专业杂志《美国医学会期刊》刊登了一篇《细观触摸疗法》的论文，对近年来逐渐流行，也被某些医院、医护人员采用的触摸疗法给予当头棒喝。作者为艾米丽·罗莎，令人跌破眼镜的是，她并非什么知名医学院的大牌教授，而是美国一名小学四年级的学生。

触摸疗法的理论基础是认为人体是个能量场，病痛会使该部位的能量场发生变化，治疗师是对能量场有感应的人，他们将手掌靠近（不直接接触）病人生病的部位“运功”，调解病人的能量场，即可达到治病的效果。因为不少病人在尝试后，觉得效果不错，有些医院遂引进作为辅助疗法，一些医生也开始研究它如何干扰人体能量场、如何发挥疗效等。但罗莎只是小学四年级的学生，没有专业的医学知识，对能量的判读与测量一窍不通，不会操作精密的科学仪器，又不会诊疗病人评估病情，她要如何从事这方面的研究呢？她用的方法其实很简单：她找来二十一位声称能感应人体能量的触摸治疗师，请他们将双手伸到一个布幕后，手掌朝上。在布幕后的罗莎则以丢铜板的方式，决定将她的一个手掌放在离触摸治疗师左手掌或右手掌二点五四厘米的上方。然后，再请这些看不到的触摸治疗师，根据他们所感应到的能量，指出罗莎的手掌是在他们的左手掌上还是右手掌上。

结果，这些触摸治疗师答对的比例是44%，一般人盲目瞎猜，答对的机会可能都比他们来得高。罗莎的实验清楚地显示，让不少医护人员迷惑甚至着迷的触摸疗法，根本就是个骗局。也许它有心理方面的疗效，但所谓能感应身体能量的说法根本就站不住脚。

罗莎可能是《美国医学会期刊》有史以来最年轻的作者，所用的实验方法恐怕也是最简单的，但却很有创意。多数“学养宏富”的医生在想探讨这个题目时，想的都是要如何测量身体能量、追踪病人能量变化及病情变化指标等问题，但这个“没有知识”“缺乏经验”的小学生却给这些医学专家上了一课：你们“丰富的知识”和“老到的经验”，蒙蔽了你们的思考，也让你们迷失了方向，看不到最基本的问题，找不到最简单的方法。

标准答案：看物理奇才如何使用气压计

每一个问题，都有一个现成而漂亮的答案。而每一个创造者都是自己动脑筋思考，在现成答案之外，找到另一个新答案的人。

每个人在中学时代，都被问过这样一个物理问题："如何利用气压计决定一栋大楼的高度？"而几乎每个用功学生的回答都是："用气压计测量地面与楼顶的大气压力，然后用这个大气压力差即可计算出大楼的高度。"答案非常漂亮，也是参考书里现成的标准答案。

物理学界流传着这样一则故事：某年，有一个学生对上述问题的回答居然是："带着气压计到大楼顶，气压计上绑着一条长绳，然后缓缓垂下，等气压计触及地面时，再拉上来，绳子的长度即是大楼的高度。"老师给了他零分，但该名学生却辩说答案完全正确，应该给满分。最后师生同意请一位大师来当仲裁者。大师提醒该学生这是物理考试，答案一定要包含某些物理知识，然后给他六分钟作答。过了五分钟，答案卷上还是一片空白，大师问他是否要放弃，那位学生却说："答案有很多个，我只是在想哪一个答案最好。"然后奋笔疾书，在最后一分钟总算交了卷。他这次的答案是："带着气压计到大楼顶，弯身松手让气压计落下，同时用码表测量气压计掉到地面所花的时间，大楼高度等于二分之一重力加速度乘以时间的平方。"答案完全正确，而且也用到了物理公式，老师只好给他接近满分的高分。

仲裁圆满结束后，大师好奇地问该名学生还有什么答案。结果，那位学生又一口气说出了五个答案：一、晴天时，先测量气压计长度，还有它阴影的长度、大楼阴影的长度，然后利用比例就可算出大楼的高度。二、带着气压计爬上楼梯，沿着墙壁以气压计的高度为单位做记号，一直标记到顶楼，看有几个标记，再乘以气压计高度，就是大楼高度。三、把气压计悬吊在弹簧的末端，测量地面的重力值和大楼顶的重力值，从两个值的差异也可算出大楼高度。四、在气压计上绑着长绳，垂到接近地面，像钟摆般摇晃，从摆差时间也可算出大楼高度。五、去敲大楼管理员的门，对他说只要他告诉你大楼的高度，就把气压计送给他。

大师问道：“难道你不知道利用地面与楼顶大气压力差来计算大楼高度这种正规的方法吗？”学生回答：“当然知道！但这些都是我动脑筋思考，自己想出来的方法啊！”

这个故事在物理学界广为流传。这名学生的名字叫作尼尔斯·玻尔，他后来成为举世公认的物理奇才，一九二二年诺贝尔物理学奖得主，原子模型的缔造者以及量子论的创建者。

玻尔所想出的其他方法，也许都不如那个正规的现成答案漂亮而又便捷，但却都是他自己动脑筋想出来的。爱迪生在他所创建的梦罗园的实验室和工厂里，在醒目的墙壁上都贴着乔舒亚·雷诺兹所说的一句话：“人总是千方百计，避免真正用心去思考。”爱迪生以它来提醒自己和他的员工。“避免真正用心去思考”的确是多数人的通病，遇到问题时，总是先去找有什么现成的答案可用，有什么漂亮的公式可套，但套公式并不等于在思考。这些现成的答案、漂亮的公式，其实只是我们用来装点门面的框框，阻碍了我们真正用心去思考。

当然，上面关于玻尔的故事有可能是编造的，其实它更像一则“科学寓言”，旨在告诉我们，每一个问题都不止有一种答案，真正有创意的人是喜欢自己思考，从现有的标准答案外找到其他可能答案的人。

每一个想要发挥创意的人，也应该以它来提醒自己。

箱中思考：少年司马光为什么能“不同凡想”？

在惯有的框框内思考，叫“箱中思考”，想出来的是大家都想得到的。要想“不同凡想”，就要站到箱子外思考。

有一道类似头脑体操的题目说：“桌上有六个杯子，三个杯子里有水，三个杯子是空的，它们的排列顺序是水、水、水、空、空、空。现在请你只移动一个杯子，而使它们的排列顺序变成水、空、水、空、水、空。”看起来似乎有点困难，正确方法是：“拿起第二个杯子，将杯中的水倒进第五个杯子中，再放回原处。”知道答案后，很多人都会恍然大悟，认为它其实很简单，但自己当初为什么没想到呢？这就牵涉到我们思考的框框问题。当我们在思考时，常会将重心或焦点放在整体中的某个部分上，那就是一个框框。在这道题目里，大多数人的思考重心都会放在杯子上，因为题目说“移动一个杯子”，它成了一个难以突破的框框。其实，只要将焦点转移到水上，“移动一个杯子里的水”，问题即可迎刃而解。

另有一个关于思考的故事，有一个老奶奶一边织毛衣、一边照顾她刚刚学会爬行的小孙女，好奇而又好动的小孙女一直爬过来玩毛线球，让老奶奶不堪其扰。于是，像大多数人一样，老奶奶将小孙女抱进她特大号的婴儿床里。但小孙女觉得行动受到限制，又抓着婴儿床的护栏哭闹不休，吵得老奶奶心烦意乱，不知如何是好。老祖父在一旁看了，对老奶奶说：“你不会将小孙女抱出来，自己到婴儿床里织毛线吗？”真是一语点醒梦中人，只要将我们平常的思路“小孙女在婴儿床内玩耍，老奶奶在婴儿床外织毛线”颠倒过来，变成“老奶奶在婴儿床内织毛线，小孙女在婴儿床外玩耍”，就是一个两全其美的妙法。

这种对惯常思考模式的颠覆，当然也不只是用来说故事而已，有很多创新用的其实都是这种方法。譬如野生动物园这种新花样，就是来自对传统动物园的颠覆或逆向思考，传统动物园是“动物被关在小笼子里，人在笼子外面”，而野生动物园则刚好颠倒，是“人被关在小笼子（车子）里，动物在笼子外面”。

要想创新，就要先有创意思考，而所谓创意思考，通常也被称为“箱子外思考”，箱子就是框框，我们只有跳出惯有的、僵硬的思考框框，颠之倒之，转之换之，才能“不同凡想”，有所创新，就像专研创意思考的德·波诺说的：“创造就是打破既有的形态，用不同的方式来观照事物。”

传统窠臼：在美国铁路上奔驰的罗马战车

要布新，就必须先除旧。而最难以摆脱、最难以除去的“旧”，就是让人觉得舒适自在的老路、熟悉有效的老方法。

为经济学带来革命性思想的凯恩斯说：“人世间最困难的事不在于说服大众接受新观念，而是怎样使他们忘掉旧想法。”无独有偶，伟大的物理学家普朗克也说：“一个新的科学真理的胜利，并不是让它的反对者信服，而是因为它的反对者最后都死光了，熟悉新真理的新一代也已长成。”

创造是除旧布新，要布新，就必须先除旧，而这里的“旧”，指的主要是旧观念、传统、习惯。人脑的特色是它会学习和记忆各种观念、方法，然后在遇到新问题时，就会率先采用过去有效的观念、方法来应对。传统观念和老方法好比旧鞋，让人感到熟悉、安稳、自在，在习惯成自然后，甚至让人觉得舒适、产生依恋，而造成“心理成瘾”；要除去它就好像在戒毒一般，会让人感到焦虑不安、失魂落魄。很多心理学家因此说，习惯和传统是最难以摆脱的框框，也是创新的最大敌人。

就交通工具的发展史来看，汽车的发明可以说是一大创新，但我们看早期的汽车，外形的直角很多，阻力很大，为什么会有这种违反空气动力学原理的设计？因为它沿袭传统，也就是过去大家熟悉的马车外形的翻版。而在显示转弯的方向时，最早的汽车是以伸出一根方向轴来显示它即将右转或左转，这种复杂而愚蠢的方法同样是沿袭了过去马车要转弯时，马车夫伸出扬鞭的手来显示方向的老方法。

有人研究美国铁路的标准轨距到底是怎么来的，发现那是当初兴建铁路的英国工程师规定的，英国工程师承袭的是英国铁路所用的标准。而英国铁路又为什么会采用那种标准呢？那是为了配合机器模组所能造出的轮轴尺寸，当时所有的车厢（以马车为主）都使用这种尺寸的轮轴，目的是要配合英国道路的标准规格。而英国道路的规格一开始就是模仿罗马的道路，那罗马的道路规格又是怎么来的呢？原来是为了供双轮战车驰骋用的，而罗马的双轮战车则是配合两匹战马去设计的。结果，从罗马的双轮战车到美国铁路的轨距，“在习俗相沿的轨迹上”，我们看到了传统思维和旧方法如何左右人们的思考方向。

传统思维和旧方法还有它们被忽略的一面：譬如大部分的人都是在十二月三十一日晚上十二点举行庆祝新年的仪式，但美国有一批俄国移民却提早三十六小时，在十二月三十日中午就举行庆祝仪式，为什么会有这种异于常人的习俗呢？经过查访才知道，原来是很久以前，当这批移民的祖先还在俄国时，过着穷苦的生活，但穷虽穷，还是得过年，得有个庆祝仪式，他们发现在十二月三十日中午提前庆祝，请乐团或张罗其他事项都比较便宜，所以他们就开始了这项创举。年复一年，日久就成了一项传统，即使后来移民到美国，经济情况已经改善许多，但每年一到过年，想起以前的老习惯，很难改变，所以就继续保持这个传统。

大部分的习惯都是这样来的，现在所谓的“传统”其实都是对更早传统的破坏，它们是特定时空下的一种创新，但所有的创新最后又都变成传统，当时空改变，传统观念或老方法已经失去功能时，多数人还是会紧紧拥抱它们。只有真正有创见的人才能看出传统的来龙去脉，忘掉传统，打破传统，向它们说再见。

排斥意外：挡风玻璃与漂浮香皂是怎么来的？

马克·吐温说："意外是所有发明家中最伟大的名字。"不想有意外，其实就是不想创新的另一种说法。

凡事按照既定计划，严格控管，小心翼翼地加以完成，那叫作"圆满"，但绝对无法"创新"，因为一切都是在意料之中。做事粗心大意或疏忽，容易出纰漏、产生瑕疵，固然不足取，不过换个角度来看，纰漏和瑕疵，就是裂缝，如果没有裂缝，那光要从哪里照进来？正因为出现了裂缝，反而能让我们看到新的可能性，产生新的创意。

有一个人，某天一如往常到他的实验室里，他正在做的实验需要某种试剂，于是他爬上梯子在柜子里翻找。他的手东摸西抓，不小心碰到旁边的一个玻璃瓶，然后听到玻璃瓶落地的声音。他抱怨自己的粗心，但当他往下看时，却发现玻璃瓶并没有摔成碎片，只是出现无数裂痕，几乎还保持它原来的形状。他觉得奇怪，于是找来助手，询问玻璃瓶以前装过什么东西，助手说本来装的是硝化纤维素（一种液态塑胶），大概是硝化纤维素蒸发后，在玻璃瓶内部表面还残留着薄薄的一层，也许就是这个原因，使玻璃瓶裂而不碎。

没过几天，这位研究人员从报纸上看到连环大车祸的新闻，很多司机被车窗碎裂的玻璃割伤。他心中立刻浮现一个灵感："为什么不用实验室里的那种玻璃来制作车窗呢？"于是他立刻动手做实验，将液态塑胶涂在一般玻璃上测试。隔天，他就制造出全世界第一块汽车安全挡风玻璃。

这个人就是法国的科学家别涅迪克，如果不是因为他不小心让玻璃瓶摔下来，没有人知道这个世界是否会出现汽车安全挡风玻璃，或者安全玻璃是否是现在的这种形式。

有一个人，是宝洁公司的工人，该公司以生产一种昂贵的雪白香皂而闻名。有一天，这个工人要出去吃午餐时，因一时疏忽没有将机器关掉，机器继续运转着。等他吃饱饭回来后，发现有不少空气混入软皂团里，但他觉得这只是小瑕疵，不愿张扬自惹麻烦，所以照样将它们倒进模具里，等肥皂硬化、切割、包装完妥，就神不知鬼不觉地配送出去。没想到几个礼拜后，客户的订单大量涌入，大家都抢着要订购会在水上漂浮的香皂。

因为这个工人的疏忽和偷懒，混进空气的不良香皂竟成了如今广受欢迎的创新产品——象牙漂浮香皂。如果要刻意去研发，可能还想不到这样的点子。

又有一个人，从事洗衣业的工作。有一天不小心将一盏油灯上的油泼溅到妻子喜爱的餐桌布上，留下一个油渍。他担心妻子责骂，就一再地用水清洗，想弄掉那个油渍，结果发现，每次处理都使餐桌布沾了油渍的部分变得更干净、色泽更清晰。身为一个洗衣业者，他立刻知道他发现了一种新的清洁方法。传统用肥皂和水来清洗的方法，会使衣物皱缩、褪色和伤害到易脆的纤维。但灯油却没有这些缺点，不过因为灯油有危险性，还有异味，所以他改用其他溶剂来做实验，而发明了干洗的新方法。

这个人名叫乔利，如今利润超高的干洗业，就是他的粗心大意所带来的。

没有人会故意出纰漏、制造瑕疵，但纰漏和瑕疵似乎又总会在不经意间突然降临，与其担心害怕或掩饰搪塞，不如放轻松点，好好研究它们，因为它们往往是天赐的礼物，里面可能蕴藏了出乎你意料的创意种子。

害怕犯错：两次失误让弗莱明中了两次奖

想要拥有原创性，想在某个领域里率先成功，那你就要有率先犯下那个领域里的多数错误，率先尝到失败滋味的心理准备。

错误与失败常是一体的两面。爱因斯坦曾说："从未犯错的人就是从未尝试任何新事物的人。"有创意的人比墨守成规者会犯更多的错误，遭遇更多的失败，但这只表示他们更勇于尝试，有更多的点子，更多的可能性，错误与失败在所难免，不过成功的机会也会相对增加。重要的是如何看待失败，爱迪生曾说："我没有失败，我只是找到一万种无效的方式。"的确，只有不再尝试，才能算真正的失败。但还有一种更有创意的想法：失败既然难以避免，那就让自己尽可能快速地失败。这可是诺贝尔物理学奖得主费曼的名言，他说："为了更有效地开发新点子，我尽可能快速地失败。"

有创意的人不只不怕失败，而且欢迎快点失败、多点失败，这是所谓“创造性失败的方法学”。失败不仅是成功之母，更是获得创新和突破的重要方法，因为失败就跟犯错一样，经常是在我们意料之外的，成功只有一种，但失败却可能产生各种我们原先想都没有想过的状况，这些陌生的意外，会翻转成新的刺激，让我们看到新的可能性，甚至带来比失败更让人意外的新发现。在人类科技及文明发展史上，这样的例子多得不胜枚举，譬如哥伦布发现新大陆，客观而言，那是一次失败的任务，因为他并没有抵达他预计前往的印度，但失败的任务却让他意外发现了美洲，而整个人类历史的发展也因此产生了谁也想不到的变化。

失败的次数越多，这种机会也越多，譬如医学家弗莱明就曾经因为两次的失败而带来两次意外的发现。像其他研究细菌的专家一样，弗莱明必须自己先培养细菌。一九二二年，他在实验室里忍不住打了个喷嚏，喷嚏黏液溅到细菌培养皿里，因为受到了污染，细菌培养可说是失败了，但弗莱明却注意到培养皿里沾有喷嚏黏液的地方竟然没有细菌成长，“难道是喷嚏黏液在作怪？”于是他转而研究喷嚏黏液，结果发现了溶菌酶——人体分泌的一种可以溶解细菌的物质。

一九二八年，当他在做葡萄球菌的培养时，外出度假两个星期回来，发现培养皿又受到了污染，长出绿色的霉状物。他抱怨了两声，但随后又发现在这些绿色霉状物周围的葡萄球菌居然消失了，“难道这些绿色霉状物也具有杀死或抑制葡萄球菌生长的作用？”他又产生这样的想法，而果真就是如此。这些绿色霉状物来自青霉菌（盘尼西林），弗莱明将它称为青霉素。后来，英国的弗洛里和德国的钱恩更进一步证实了它在临床上的治疗效果，弗莱明和他们两人因此而共同获得一九四五年的诺贝尔医学奖。

弗莱明的两次失败中间隔了六年，如果他能“更快速地失败”，让青霉素早点问世，说不定能挽救更多的人命。

在创造过程中，失败与错误经常只是让我们学习的热身实验，它像一块踏板，提供我们下一步该往哪里走、该做什么的有用资讯。很多强调研发与创新的公司都不排斥错误与失败，甚至张开双臂欢迎。譬如微软公司总裁比尔·盖茨，就经常大胆启用犯过错误的人，他说：“这表示他们勇于冒险。只要看看人们如何面对失败，就可以知道他们怎样驾驭变幻莫测的形势。”而MCI执行副总裁更是说：“我们不会射杀犯错的，我们射杀不愿冒险的人。”

只有愿意、甚至乐于冒犯错和失败危险的人，才是能让创意成真的人。

找错问题：《芝加哥每日新闻报》的一分钱

答案很重要，但问题更重要。就像结构主义大师克洛德·列维－斯特劳斯所说："聪明人不是给予正确答案的人，而是提出正确问题的人。"

人为什么会思考呢？美国哲学家杜威说："思考的产生乃起于困惑与疑难的情境。"而就在解决困惑和难题的思考中，我们展现了创造力。但创意思考不单是在找答案而已，心理学家帕尼斯认为，解决问题的创意思考可分为几个步骤：一、发现事实；二、找出问题；三、提出构想；四、寻求解决方案。《芝加哥每日新闻报》创办人斯通当年的创举，为我们提供了一个非常鲜活的例子：

斯通是个白手起家的报业巨子，他原先只是个送报生，但却胸怀大志，在一八七五年自己开始办报，为了吸引读者，他采行低价策略，每份报纸只要一分钱。刚开始时，销路迅速成长，但后来面对了一个让他感到困惑与疑难的事实：报纸的销售量慢慢滑落，最后竟变得要死不活，报社的生存与发展面临严峻的考验。

有了困惑与疑难，就要思考问题究竟出在哪里，“大家为什么不再买他的报纸？”几经思考，他发现问题并不在“里面”——报纸的品质，因为销售量低时的报纸内容和销售量高时没什么两样。真正的问题是在“外面”——最近芝加哥市面上“一分钱的硬币短缺”，大家手上没有一分的零钱，自然没办法买他的报纸。报纸的内容再吸引人，还是卖不出去。

在找出正确的问题后，接下来就要针对问题提出构想，答案很清楚，就是要让芝加哥市面上有“充裕的一分钱硬币”。但要如何达到这个目的？斯通无法自己提供大量的一分钱硬币，他想出的解决方案是“借力使力”：亲自到位于费城的美国联邦铸币厂，换了好几桶的一分钱硬币运回芝加哥，然后去游说芝加哥的商家，劝他们采用“零头价”促销策略，也就是商品的售价比一般价格少一分钱。这种“零头价”促销策略相当成功，一分钱硬币又在芝加哥市面上流通，大家手上有了零钱，斯通的报纸遂又开始大卖。而这个促进报纸销售的方法后来竟摇身一变，成为美国商店商品标价出现九点九九美元或十四点九九美元零头价的滥觞。

从这个例子可以清楚看出，在创意思考的四个步骤中，“找出问题”这个步骤最重要。报纸销售量下跌的事实摆在眼前，人人都能发现，但如果找出的问题或原因是错的，那么接下来的“提出构想”和“寻求解决方案”也就跟着错到底，譬如如果认为问题是出在“报纸的内容”，那么解决方案可能就变成了“加强编辑阵容”，但“下药”如果无法“对症”，那下再多的药、再好的药，也无济于事。

自称“一直在问问题”的爱因斯坦曾说：“单单形成一个问题往往比为它求得解答来得重要，因为解答通常只是数学或实验技巧而已。提出新问题、新的可能性、从新的角度来看古老的问题，需要创造性的想象力，而它也是科学真正进展的标记。”这是就科学而言，但其他领域应该也一样，而且找出正确的问题，不只靠想象力，更需要判断力，需要用心思考。

结构主义大师克洛德·列维－斯特劳斯说：“聪明人不是给予正确答案的人，而是提出正确问题的人。”要想做个有创意的聪明人，不必急着去找答案，而应该先思考。第一个要思考的是，自己面对的到底是什么问题；第二个要思考的是，自己所找到的是正确的问题吗？

缺乏信念：怀疑笛卡尔，相信哥伦布

有些事，你必须先了解，然后才能相信；有些事，则是你必须先相信，然后才能了解。一个能创新的人，不只是先相信的人，而且深信不疑。

伟大的哲学家和数学家笛卡尔有一天读到一则历史故事：希腊的阿基米德利用太阳光烧毁入侵的罗马战舰。虽然语焉不详，但却颇有创意。具有怀疑与实验精神的笛卡尔，立刻拿起笔来，计算出要让太阳光对焦，产生能烧毁战舰的热能量，必须要有一个直径非常大的凹面镜才办得到。但依希腊当时的技术水平来看，这根本是不可能的事。笛卡尔于是下结论说："这个故事只是用来唬不懂数学和物理的人的神话罢了。"

如果你也懂得一点数学和物理，你觉得笛卡尔说得有没有道理？那可能要先看你相不相信历史故事，还有希腊人或者阿基米德的创意。五十年后，另一位法国科学家也看到了这则历史故事和笛卡尔对它的评论，也许是想和笛卡尔比高下，既然笛卡尔说他不相信，那他就必须相信那是真的，于是他也开始认真地思考和做起实验来。结果他证明的确可以利用太阳光来烧毁战舰，但用的不是特大号的凹面镜来聚光，而是当时希腊士兵手上的盾牌。方法其实很简单：每个盾牌形同平滑的金属面，可以反射太阳光，每个士兵只要调整他手上的盾牌角度，将太阳光一起反射到同一点——也就是战舰上，就能产生足够的能量，将战舰烧毁。它不仅简单，而且就地取材，不花一毛钱。

这是否就是阿基米德所用的方法？甚至历史上是否真的发生过这样的事情？也许将永远是个谜。但用太阳光的确可以烧毁战舰，那聪明的笛卡尔为什么没有想到用盾牌来聚光这种简单的方法呢？也许是再伟大的人也有思虑不周之处，但更可能是因为他一开始就不相信，认为不可能有那种事，他朝不可能的方向去思索，结果就得到不可能的答案。

历史上有很多伟大的发现者和发明家，在他们的梦想尚未实现之前，都被同时代的人认为那根本不可能，无异于痴人说梦，甚至被视为精神有毛病，患有妄想症。哲学家桑塔亚纳说，哥伦布发现新大陆，靠的不是罗盘和航海图，而是信念。因为在当时，大家都认为从欧洲一直往西航行就能抵达印度是荒谬的、不可能的，即使可能也是相当危险的。但哥伦布却以坚定无比的信念扬帆出发，虽然他最后抵达的不是印度，而是美洲新大陆，但他却认为那“无疑是印度”，而把当地土著称为“印第安人”（意为印度人）。直到死前，他还固执地认为他发现的美洲就是印度。哥伦布的这种信念和固执己见可以说已经到了超乎常情的地步，但也许就是要怀抱如此偏执狂热的信念，一个人才能完成被众人认为不可能的任务。

圣·奥古斯丁说：“除非你相信，否则你不可能了解。”他这句话原是针对宗教信仰而言，不过也适用于创造的领域，你必须先相信你有创新的能力，能化不可能为可能，然后才能了解要怎么做，找到那些方法。对多数人来说，“不符合现实的信念”是“妄想”，但对创造者来说，“认为现实不可能改变的信念”才是“妄想”。

不想受限:《天路历程》与奥美广告的戒律

有时候，挣脱某些束缚，才能发挥你的创意；但有时候，安于某些束缚反而能释放你潜在的创造力。

十七世纪英国有名的小说家班扬，早年即对宗教事物颇感兴趣，经常思考罪与天国的问题，他因为没有牧师资格“非法传教”，而两次被捕入狱，过了将近十三年的牢狱生活。但在狱中，他也完成两本书，一本是有自传性质的《丰盛的恩典》，另一本则是相当有名的《天路历程》。《天路历程》描写一个基督徒为求永生而踏上一条荆棘之路，沿途所经历的各种危险、诱惑、灾难与考验，不仅是读者仅次于《圣经》的宗教文学经典之作，而且它在人物刻画、故事情节安排、象征手法的运用等方面，都对英国小说的发展产生重大影响。

有人认为漫长的牢狱生活使班扬更沉潜，也更专心地思考信仰、罪、恩宠与天国的问题，并将它们写成不朽的小说。如果不是被关，班扬可能就写不出《天路历程》或能写得那么好。心灵的束缚也许会阻碍一个人发挥他的创造力，但肉体的束缚——特别是被关在密闭的牢房里，却往往能释放一个人潜在的创造力。也许是在自由的时候，我们有太多写意的事可做，有太多无谓的事要应付；一旦锒铛入狱，失去自由，你忽然变得无事可做，只能自我省思，以几个月甚至几年的时间去思考，而且在狱中的思考跟在外面世界的想法会很不一样，所以难怪有不少人，特别是作家，在入狱期间都成了他们最多产，也最有创意的时期。

但这不是说为了让自己能心无旁骛地思考或工作，你就必须想办法入狱。古希腊的演说家戴摩西尼，将头发从中间剃掉一半，让自己“见不得人”；而法国小说家雨果，在写作时则是先脱下衣服给仆人带走，交代他必须等到什么时候才能将衣服还给他；这些举动显然也都是在给自己某种束缚，不受外界或其他不相干的诱惑，而专心于目前的工作。

有“广告世界教皇”之称的奥格威，每当有一批新员工进入他的奥美广告公司，在“新生训练”时，他都会先谈些自己的经验，然后宣读该公司员工必须遵循的十一条戒律，包括什么是好广告、如何写广告标题、内文、安排插图、如何为客户建立形象品牌、绝不欺骗、言谈举止务必彬彬有礼、不要装模作样等。每一条戒律下都附带详细的说明、举例。如果你想来这家公司任职，你就必须遵守；如果你觉得这是在束缚你，那请你及早离开。

人人皆知广告需要创意，而要有创意就不能墨守成规，上述的十一条戒律似乎和这个原则相抵触，但奥格威自有他的一套见解。他特别强调法则在艺术创作领域里的重要性，譬如莎士比亚是依照僵硬的格律和行数写十四行诗，而莫扎特也是遵循固定的章法去谱写的颤音的，但他们的诗和音乐会因此而失去创意、枯燥无味吗？事实上，就是因为有某些限制、某些规范，创造才有可能，也才能创造出精致的东西。其实，不只艺术领域如此，科学领域遵循的是更严格、普遍的律则，但有哪个科学家会抱怨说因为物质必须遵守僵硬的物理和化学定律，而使他无所创新、提不出新见解呢？

不过在其他场合里，奥格威又说："最高领导人最主要的职责是创造一种氛围——让那些有创造才华的人能一展所长。"那是什么呢？就是要营造一个"充满振奋、创新和自由的工作环境"。而他也经常提醒公司主管"我们是一群无拘无束的企业家"，要随时准备冒险，"不要让员工墨守成规地做事"。这似乎和前面的十一条戒律互相矛盾，但它们其实代表了创造活动两个不同的面向：一方面要跳脱、超越某些成规来思考，但另一方面却又要依循某些规范来从事创造。

框框，有些是你必须打破的；但有些，则是你必须遵守的。

错失良机：你像莫扎特？还是像香奈儿？

人生无常，命运无常，创造亦无常。如果你认为你已错失了培养创造力的大好时机，那只表示你真的是没什么创意。

众所周知，莫扎特的父亲利奥波德很早就看出儿子的天赋，认为好好栽培他是“神所托付的使命”，而在莫扎特三岁时就教他弹钢琴，五岁时教他作曲，六岁时就带他去巡回演出，很多人都说，如果没有父亲费心、卖力、有计划的教导和安排，可能就没有日后写出《魔笛》《费加罗的婚礼》等歌剧和名曲的莫扎特。

而《大白鲨》《第三类接触》《外星人 E.T.》《侏罗纪公园》《辛德勒的名单》等卖座或叫好电影的导演斯皮尔伯格，则是在八岁时靠父亲送他的一部八厘米摄影机起家的，为了满足这位“小导演”的少年梦幻，他爸爸、妈妈和三个妹妹都成了随唤随到的忠实演员。有一次，他母亲还用压力锅焖煮三十罐樱桃，让它爆开来，将厨房喷得“血淋淋”，好让小斯皮尔伯格拍些“非常恐怖”的镜头。斯皮尔伯格成名后，很感念父母提供机会让他有“完全的自由来表达自己”。

也许这是我们最常听到的儿童创意或潜能开发故事。但如果你只听一种故事，那你就掉进了一个窠臼。香奈儿早年的生活相当悲惨，她是个私生女，母亲早逝，父亲音讯全无，她的少女时代是在修道院附设的孤儿院里度过的，严苛、单调、沉闷的生活形同坐监。在后来的回忆录里，香奈儿对那个地方和那段时光谈得很少，她说：“别问我我的感受如何；你晓得，人一生可能不只死一次……”她认为那些经验不堪回首，宁愿埋葬它。但一些评论家却认为，香奈儿所设计的服装，早期的款式简单朴素、对称完美，而且很喜欢用黑、白、灰的颜色，这使她异军突起，让人刮目相看。但此一特殊的风格让人想起的正是修道院的气氛。她虽然刻意要遗忘，但过去那“根本没学到什么”的痛苦经验，竟然造就了她日后独特的风格。

诗人里尔克生性敏感、害羞、浪漫而又感伤，但身为职业军人的父亲根本不管儿子有什么气质，他希望儿子克绍箕裘做个威武的军人，而安排他去读军校，在过了四年强调纪律、敌视个性的住校生活后，里尔克痛苦万分，但他父亲却又将他转学到另一所军校，又读了一年，里尔克的身心濒临崩溃，他父亲才勉强让他退学。后来在成为享誉国际的诗人后，里尔克对那段军校生活充满了痛恨，说不仅白白浪费了他的时间和精力，而且为他日后精神方面的困扰埋下祸根。但一些文艺评论家却认为，里尔克那原创性的诗风，正是来自他特别的军校生活经验。里尔克的诗不同于流俗，虽然也是感性的，但却是一种精确、简洁而内敛的感性，也就是“受过军事训练洗礼”的感性。如果他当初去读艺术学院，那写出来的诗可能就会太滥情、感伤；违反其志趣的军校生活反而“平衡其极端的感性，让他的思想更加精深，而开启了他对人类困苦的特别了解”。

从小就提供各种开发潜能的机会，固然可以激发日后的创意；但不提供机会，甚至挫折它，日后还是可以用另一种方式来表现创意。命运无常，创意亦无常，没有什么是一成不变的，也没有什么必然的轨迹，这才是创造的真谛。

贵贱有别：让烤火鸡成为“蒙娜丽莎”

认为绘画必然是比烹饪更高贵、更困难的创造活动，其实是一种虚妄的分别心和框框，它大大缩小了你可能的创新领域。

《蒙娜丽莎》是达·芬奇的一幅名画，但当你听到有一只烤火鸡的名字居然也叫“蒙娜丽莎”时，你的第一个反应很可能是这不过是招来众人注意的噱头，而且玩得太过火，达·芬奇和蒙娜丽莎若地下有知，势必大摇其头。

将烤火鸡命名为“蒙娜丽莎”的是俄罗斯克里姆林宫的主厨茹科夫，那只烤火鸡是他精心烹制的一道美食。茹科夫在克里姆林宫的御厨服务长达四十年，负责苏联政府及现在俄罗斯总统招待贵宾的国宴，但他可不是僵化保守之士，除了对俄罗斯的传统佳肴有炉火纯青的手艺外，他更不断研发创新，经常推出新菜品。事实上，茹科夫将烹饪视为一种艺术创作，他喜欢说厨师烹饪就好像画家在画画一样，一道菜真正下锅也许半小时就煮好了，但要构思如何配料、如何烹调却要花很长的时间，一如画家在面对空白画布时的情况。也许正因为如此，所以他把自己很满意的一道佳肴——镶有培根和李子的烤火鸡——视为一幅画，而且认为是他的登峰造极之作，所以将它命名为《蒙娜丽莎》。

你当然可以说，烤火鸡"蒙娜丽莎"唐突了艺术和佳人；但从另一个角度来看，这种说法却也唐突了茹科夫和烤火鸡。这就牵涉到何谓"创造"的问题，虽然大家都同意创造是"将新东西导入存在的过程"，但"新东西"似乎有等级之分、贵贱之别，一首交响乐、一本小说、一幅油画、一套哲学理论要比一道菜、一条裤子、一种发型、一套行销策略来得尊贵，而汽车、电脑、太空船的发明也比衣架、开罐器、吹风机有价值得多，这当然有它的道理和意义，但如此一来，"高贵"而"有价值"的创造活动就只能为少数人所拥有、所垄断。

其实，茹科夫为了他那只烤火鸡所投注的心血、所燃烧的热情、所怀抱的梦想，应该不会逊于在画《蒙娜丽莎》时的达·芬奇，认为绘画必然是比烹饪更高贵、更困难的创造活动，其实是一种虚妄的分别心和框框。更何况就像人文心理学家马斯洛所说：“一流的烹饪胜过二流的绘画。”有创意的一道好菜远比缺乏创意的一幅劣画更让人激赏。

只要是以前人所未有的新鲜方式做出任行事物，或赋予任何事物前所未有的新义，都可以是创造。爱迪生的发明、毕加索的绘画、贝聿铭的建筑固然是创造，你用几种配料煮出一道食谱里没有的佳肴、儿子用积木堆出一个书本里没有的城堡，同样是创造。人人都有创造的潜能，只是有的人创造这个，有的人创造那个，它们在表面上也许有繁简之别、难易之分，但在本质上却是一样的。

大自然是最伟大的创造者，也是我们最佳的学习对象。大自然在创造一头大象和一株小草时，付出了同样的心血，也得到同样的满足感。打破人为的框框，向大自然学习，你将发现，你不仅能创造，而且不管创造出来的是什么，它们的过程与结果应该都是一样的。

没有禀赋：爱因斯坦的大脑有何玄机？

你相信爱因斯坦的天才表现，是因为他的大脑异于常人吗？如果你这样想，你就会掉进一个不怎么高明的陷阱中。

此前，国家地理频道播出“爱因斯坦的大脑：谜中谜”这一节目，引起很多人的注目。这其实是个老问题，关于探寻天才奥秘的报道，一直让人感兴趣。一九五五年四月十八日，爱因斯坦撒手人寰，负责解剖其遗体的哈维医师证实爱因斯坦死于腹腔大动脉破裂，并在他长子的同意下，取出爱因斯坦的大脑，留给科学界做研究。两天后，《纽约时报》出现一则新闻，标题是：“在爱因斯坦大脑中寻找关键性线索——研究其大脑血管的分布可能揭开天才的奥秘。”爱因斯坦家人对此极为不悦，爱因斯坦遗产的指定执行人纳珊发表声明说：“准许研究爱因斯坦的大脑组织，但只能在最严格的隐秘状态下进行，除非其发现可能对科学界有用，而以正常渠道刊载在医学专门期刊外，不能做任何形式的发表或出版。”

哈维的初步研究显示，爱因斯坦的脑子重一千二百三十克，比一般男性脑重的平均值还低，看不出有什么特别出众之处。他将爱因斯坦大脑切成二百四十块，并将具代表性的脑块组织做成切片保存起来。哈维并未做进一步的研究，多年以来，从哈维处获得爱因斯坦的脑组织，并在专业期刊上发表研究报告的专家有四个：

一是耶鲁大学医学院的齐默曼教授，他在一九五五年的报告指出，爱因斯坦的大脑非常正常，要说有什么特殊之处，就是他的大脑比同年龄的人健康，退化的迹象较少。二是加州大学的戴蒙德教授，她在一九八五年的报告指出，爱因斯坦大脑左顶叶的神经胶质细胞比一般人要来得高（神经元执行的功能越复杂，就需要越多神经胶质细胞的支持）。三是亚拉巴马大学的安德森教授，他在一九九六年的报告指出，爱因斯坦大脑右前额叶神经元的密度较高（可能表示讯息的传递速率较佳）。四是加拿大麦克马斯特大学的维特森博士，她在一九九九年的报告指出，爱因斯坦大脑的顶叶特别发达，形态上也有特异之处，譬如侧脑裂并不明显（因为顶叶下段是视觉、听觉、触觉讯息的汇集之处，此部位越发达可能表示整合性认知与判断的能力越好）。

几乎每一次专家的论文出现在专业期刊后，大众媒体即会跟着大肆报道，并强调爱因斯坦大脑的“异于常人”之处。不管是专家的研究还是媒体的报道，似乎都是为了满足人们想“从大脑探寻天才奥秘”的好奇心。整体说来，对爱因斯坦大脑的研究并未解开他的天才之谜；即使说他大脑的某些部位真的比常人发达，这里面还是有“鸡生蛋，蛋生鸡”的问题。

譬如对小提琴家和其他弦乐演奏家的研究显示，他们大脑皮质中负责控制左手手指（按弦的部位）的区位，会比非音乐家来得大、来得发达，而且这种生理结构的不寻常度，和他从几岁开始学习演奏乐器有正比关系。也就是说，这种生理差异应该是音乐训练的结果，而非表示先天的“音乐才能”。

还有，对出租车司机的研究也显示，他们大脑中负责空间记忆的海马部位要比一般人来得大，灰质的密度也比较高，这应该是长期载客的经验和记忆需要，才使他们的大脑“异于常人”，而不是因为他们的大脑有“特别的禀赋”，才驱使他们去成为出租车司机的。同理，爱因斯坦很可能是从小就喜欢想象和思考，才使他大脑的某些部位变得特别发达，而不是某些部位生来就特别发达，然后才使他特别喜欢想象和思考。

也许，这是上苍希望我们到别处去寻找天才的奥秘；也许，这是上苍希望我们能看开点，不必因自己头脑不好、IQ不高而失去斗志。

02

| 第二章 |

为你带来创新的二十种思考

智能也许来自天赋，但思考则是我们必须学习的一种技艺。

——德·波诺

逆向思考：就是它发明了发电机与留声机

创意就是在创异。要想异军突起，要能“不同凡想”，方法其实很多，譬如当大家都这样想时，你却“反其道而行”，从事逆向思考。

一九六五年，美国迈阿密大学出版了一本原子能物理的论文集，封面并非什么分子、原子的结构图，而是一幅阿凡提倒骑驴子的画。“阿凡提”意为“教师”或“智者”，在中国流传着很多阿凡提的幽默故事，“倒骑驴子”即是其中之一。该物理论文集的编者在序文里，特别提到此一另类封面的故事：有一天，阿凡提和一群人同行，但却与众不同，只有他倒骑着驴子。有人问他为什么倒骑驴子？阿凡提解释说，“倒骑驴子”可以让他看到“正骑驴子”时看不到的东西，而且和后面的人谈话也比较方便、比较有礼貌。在创造和思考的领域里，所谓“倒骑驴子”就是“逆向思考”，意即将我们习以为常的一些观念、思考模式、思考途径“翻转”过来，而让我们看到了正向思考时看不到的东西。迈阿密大学的物理学家赞扬阿凡提倒骑驴子，显然是认为逆向思考对科学创新很有帮助。

在科学界，这种例子相当多，譬如法拉第发明发电机用的就是逆向思考。奥斯特发现金属导线在通电后，附近的磁针会因而转动，显示通电金属的周围会产生磁场，这在当时是一个非常重大的发现。法拉第当然也注意到了，不过他跟其他人不一样的地方是，他对此进行了逆向思考——既然电会产生磁，那是否能把磁变成电？经过试验，法拉第证实在磁场中运动的金属导线会产生电流，然后根据这个重大发现发明了直流发电机。

又譬如爱迪生进行改善电话的实验时，意外发现传话器里的膜板会随着说话的声音产生相应的震动，声音低时颤动较慢，声音高时颤动则较快，他想既然说话的声音能使短针颤动，那么反过来，利用短针的颤动能否使它发出（重现）原先的声音呢？利用此一逆向思考，爱迪生发明了留声机。

可以逆向操作的变数和方式其实有很多，譬如在植物病虫害的防治方面，传统的防治方法是在思考“死亡”的问题——也就是如何让昆虫死亡，虽然有不少杀虫剂因而问世，但昆虫源源不绝，杀虫剂又会对环境造成严重污染，实在不是好办法。更好也更有创意的对策则是颠倒过来，转而思考“出生”的问题——也就是如何让昆虫不再出生，因而产生了利用放射线或激素让昆虫失去繁殖能力的方法，不仅更正本清源，而且可减少对环境的污染，而它们也是目前最受欢迎的方法。

中国古代的大智者老子倒骑水牛，八仙里的张果老也倒骑驴子，一智一仙，殊途同归，显然跟阿凡提一样，都是逆向思考的高手。驴子能正骑，就能倒骑，对每个问题、每个环节，在正骑驴子走了一遭后，不妨掉个头，再倒骑驴子试试看，也许就能看到不同的风景、崭新的方向。

颠之倒之：社会生物学与生理回馈的发想

物理学家玻尔说："一个伟大真理的反面，依然是一个伟大的真理。"对创造者来说，一个熟悉观念的反面，也许不再让人熟悉，但却可能是一个有创意的新好观念。

英国作家巴特勒说过一句名言："一只母鸡只是一颗鸡蛋制造另一颗鸡蛋的工具。"乍听之下，似乎只是句俏皮话，但却又让人觉得里面好像隐藏了什么深意。我们熟悉的说法是："一颗鸡蛋只是一只母鸡制造另一只母鸡（或公鸡）的工具。"巴特勒将它倒转过来，结果产生了比"鸡生蛋，蛋生鸡"更大的效果，也更引人深思。但不要以为这只是文字游戏或思考游戏而已，它可是二十世纪最重要的一种新学说——社会生物学基本观念的先驱者。社会生物学之父，哈佛大学的威尔森教授说："一个生物体只是以其 DNA 的方式去制造更多的 DNA 而已。"不知道威尔森的灵感是否来自巴特勒，但鸡蛋里有的就是鸡的DNA。这个观念上的逆转衍生出来的含意是：一个生物体的躯壳和行为都是以DNA为原始驱力，都是为了DNA的生存及繁衍而衍生出来的，而“社会生物学”的工作就是“对所有社会行为的生物学基础做系统性研究”，这门相当创新的学科跟我们以前所熟悉的“社会学”完全不一样。

其实，在学术界有不少创新的观点都是在将我们熟悉的说法倒转过来，或者说是对旧学说的逆向思考。譬如传统的情绪心理学认为我们是“因悲伤而流泪，因害怕而颤抖”，这也是大家熟悉的说法，但美国心理学之父威廉·詹姆斯却认为情绪是我们“对外在刺激所产生的身体变化的感觉”，所以，合理的说法应该是：“我们因为哭泣，所以感到悲伤；因为动手打人，所以觉得生气；因为发抖，所以害怕。”詹姆斯这种逆向思考所产生的观点，乍看之下似乎有点荒谬，但却也有相当的真实性。今天，当心理学界对情绪有了更进一步的了解后，发现传统说法和詹姆斯的观点两者都对，也就是说人可能“因悲伤而哭泣”，但也可能“因哭泣而悲伤”，如果要一个人流泪或做出哭泣的模样，那他就会产生悲伤的感觉；而要一个人整天眉头深锁，他也会因此而闷闷不乐。事实上，詹姆斯不只创造了一种新观点，他还开拓了“生理回馈”这个新天地，“保持笑容，让你整天心情愉快”——这样的生理回馈建议，正是来自其观念的延伸。

结构主义大师克洛德·列维–斯特劳斯又是一个例子。关于原始民族，有一个大家非常熟悉的现象是他们对周遭的动植物都拥有非常渊博的知识。过去的人类学家和一般文明人普遍认为，这是因为他们需要靠这些动植物维生，或者避开它们以免危险，基于这种生活上的需要，才使原始人努力去认识周遭的动植物，并因而获得丰富的知识的。但克洛德·列维–斯特劳斯却将它颠倒过来，他指出原始人并不是因为觉得动植物有用才去加以认识的，而是他们先充分认识了这些动植物，然后才知道哪些是有用的、哪些是有害的。他在《野性的思维》一书里，一再运用诸如此类的逆向思考，大大扭转了我们对原始人的传统褊窄看法，而克洛德·列维–斯特劳斯的结构主义人类学也成为一门极富原创性的知识学科。

有人说“因为你美丽，所以我爱你”，但反过来说“因为我爱你，所以你美丽”；有人说“快乐让我唱歌”，但倒过来想“唱歌使我快乐”；有人认为“幻想是罔顾现实所产生的错觉”，但转而认为“现实是无能幻想所产生的错觉”……将大家习以为常的说法和观点倒转过来，你将发现，那不仅有意思，而且能让你对人生产生新的领悟。

负面操作：甲壳虫汽车一炮而红的诀窍

当大家都在强调自己多美、多快、多诚实时，坦陈自己不美、不快、在说谎，也是逆向思考，它正是很多成功的创意广告所采用的方法。

美国恒美广告公司的伯恩巴克在二十世纪六十年代为大众公司的甲壳虫汽车所做的一系列广告，一直被认为是广告界的创意经典之作，它的创意就是来自逆向思考。当时，大众公司的甲壳虫汽车登陆美国已经十年，但却一直打不开市场，伯恩巴克仔细研究了这款汽车后，觉得它外形古怪、马力小、档次低，不合美国消费者的口味，难怪会卖不出去。那个年代所有的汽车无不在外形美观气派、设备豪华、追求急速快感方面互较高下，而汽车广告也都在这方面大做文章，夸耀自己的车款是多么优越迷人。

为了在重围中杀出一条血路，伯恩巴克决定逆向操作，方法是推出一系列“自曝其短”的甲壳虫汽车广告，它们以各种自嘲的方式告诉消费者甲壳虫汽车“长得实在不好看”“不再是新奇事物”，然后从缺点中带出优点。譬如刊登在《生活》杂志上的一幅广告，主体画面是不久前登陆月球的太空船，下方写着：“虽然我的外形不美观，但是却能把人搬运到月球上去。”旁边配以显著的大众汽车标志。而在《想一想小的好处》里，则娓娓诉说甲壳虫汽车的省油、皮实，“一旦你习惯甲壳虫汽车的节省，就不会再认为小是缺点了。”

当所有的广告都在王婆卖瓜，自卖自夸时，这种“坦白”和“自曝其短”反而能让人耳目一新，赢得消费者的好感与信赖，觉得它所推销的东西非常“实在”。而实惠和实在正是伯恩巴克想为甲壳虫汽车塑造的品牌形象，他不仅达到了目的，让甲壳虫汽车大卖，而且经他一再提醒“想一想小的好处”后，“小而美”的人生哲学竟也因此成为当时的主流观点。

伯恩巴克在为艾维斯租车公司所制作的广告里，也运用了类似的手法：“艾维斯在同业中只不过是排名第二的公司，但为什么我们现在要向您推荐呢？因为我们会更加努力……”当大家都在夸耀他是“第一”时，承认自己“不过是第二”，不只能给人谦虚、诚实的印象，而且会让人对他们的努力寄予希望。

同样的，被选为“二十世纪八十年代美国经典广告创意”之一的五十铃汽车广告，用的也是类似的手法：由爱吹牛、喜欢说大话的谐星里森扮演汽车推销员，他神态自若、充满自信地说出各种夸大的广告辞令，譬如“五十铃轿车被汽车权威杂志评选为汽车之王”“五十铃轿车最高时速可达三百英里”“只要你明天来参观试乘，就可获得一栋房子的赠品”……而每一个夸大之辞的画面都配上醒目的“他在说谎”字幕。有的则加上详细的解说，譬如“时速三百英里”，那其实是“飓风来袭又遇到下坡路段的速度”，总之是一再说谎又一再拆自己的台。但就是在这种荒诞不经、滑稽可笑中，消费者反而体会了广告主的诚恳和苦心，并因好感而带动了汽车的销售。

逆向思考有很多方式，当多数人都以虚饰、夸张为尚，而且要大家相信那是真的时，你能“和而不同”，以虚饰、夸张的方式，告诉大家那是假的，这样的逆向思考也是一种创意。广告是人生的特殊缩影，有创意的广告正可作为创意人生的特殊教材。

转移焦点：你怎么看斑马和天花？

心理学家德·波诺说：“你朝同一个方向看，看得再努力，也无法看出新方向。”想要看出新方向，就要让你的眼光和思路转个弯。

人类在思考问题时，通常会有一个焦点，焦点不一样，思考所得的结果就会大相径庭。譬如说非洲草原上的斑马，它身上黑白相间的条纹，让人赞叹，也让人感到迷惑。这些美丽的条纹到底是怎么来的呢？于是就有了下面这个问题：“斑马是（或比较像）有黑色条纹的白马呢？还是有白色条纹的黑马？”多数人会认为斑马比较像“有黑色条纹的白马”，不过生物学家却告诉我们，斑马应该比较像“有白色条纹的黑马”。从进化的角度来看，斑马显然是由平常的马演化而来，但最有可能的是黑马——也就是说，是黑马身上某些地方的黑色素受到抑制，而产生白色条纹。这有几个理由，一是白马在非洲草原及森林里很难生存，二是有一种已经绝种的斑马，只在身体前端有黑白相间的条纹，臀部则是黑色的。还有其他较深奥的理由此处就不谈了。

认为斑马比较像“有黑色条纹的白马”，其实是来自一般人的视觉习惯，我们总是倾向于以白色为背景、为底来看东西。以白色为背景，黑色条纹就成了前景；但若以黑色为背景，白色条纹就成了前景，这就是所谓“焦点”问题。焦点不一样，想法就会跟着不一样。

要想“不同凡想”，产生有创意的想法，转移思考焦点也是很多创造者常用的方法。譬如人类曾经饱受天花这种传染病的肆虐，但尽管可怕，天花也跟其他疾病一样，总是有人会得这种病，有人却不会得。在对抗天花的战役里，过去的医生都把焦点放在“受天花感染的病人”身上，去研究如何来治疗天花，这也是多数人所会有的思考习惯，但老实说，它的效果相当有限。而英国的爱德华·詹纳医生则转移焦点，将思考重心放到“不受天花感染的人”身上，特别是挤牛奶的女工，因为她们几乎都不会得天花，结果他从中发明了“种牛痘”这种预防接种法，不仅防患于未然，彻底解决天花对人类的威胁，而且开启了“免疫学”这个崭新的医学领域，让肺结核、小儿麻痹、脑炎、破伤风、百日咳等传染病，也都因疫苗的接种而几近绝迹。

伦琴发现X光，也是来自思考焦点的转移。一八九五年，伦琴跟当时的很多科学家一样，在实验室里进行阴极射线的研究，有一天实验完后，他发现放在放电管旁边的一卷底片曝了光。以前也有人发生过这种情形，不过多一笑置之，认为这无关紧要，因为他的“重点”是在研究阴极射线，但伦琴却将焦点转移到这个异常现象上，他用黑色厚纸密封放电管，只留下一条狭缝，通电后发现放电管除了发出阴极射线外，还使一米外的亚铂氰化钡屏幕发出绿光。伦琴随后进行各种实验，终于确定他发现了震惊科学界的X光。当时，欧洲很多实验室都使用同样的放电管来研究阴极射线，既然伦琴的放电管会产生X光，其他的放电管当然也会，但却没有受到重视，甚至对它视而不见，也许只能说是因为那些科学家认为那不是他们“研究的重点”吧！

每一件事情、每一个问题都包含好几个部分，当大家都把焦点放在某个地方时，转移你的思考焦点，去注意被别人忽略的地方，你就能“不同凡想”，从中开创出一片新天地。

改变对象：如何把梳子卖给和尚？

转移式思考不仅能带来伟大的发明和发现，若用在商场和职场上，更可为你带来很多新奇的观点、活络的商机和解决问题的妙法。

有一家大公司想扩大业务，登报高薪聘请新的营业部经理，应聘者众，在经过一番淘汰后，最后剩下甲乙丙三名应聘者。老板亲自出马，出了一道实践性的试题：要他们把梳子卖给和尚，且以十日为限，到时卖出最多梳子的就被录用为新营业部的经理。和尚没有头发，根本用不着梳子，但能将东西推销给不需要的人才是真正的推销高手，老板就是想借此考验他们的能力。

十天的期限很快来到，甲乙丙分别回到公司。老板问甲卖了几支梳子给和尚？甲回答："一支。"老板又问："怎么卖的？"甲有点沮丧说："我遇到的和尚，没有一个肯买梳子，再便宜也不想要。最后这个和尚是被我的真诚所感动，才勉强买一支的。”

老板转问乙卖了几支梳子给和尚？乙说：“十支。”老板问他怎么卖的？乙有点得意地说：“本来也没有和尚想买我的梳子，但三天前我到一家寺庙时，风很大，很多善男信女的头发都被吹乱了，我对住持说蓬头乱发上香礼佛对佛祖不敬，劝他买几支梳子放在殿外，供善男信女梳理头发。他觉得有理，买了五支，另一家寺庙也买了五支，所以我总共卖了十支梳子。”

老板转问丙卖了几支梳子给和尚？丙说：“一千支。”老板有点惊讶，问他怎么卖的？丙说：“我先到一间香火鼎盛的寺庙，游说住持说贵宝刹的香客很多，他们添的香油钱也不少，您应该回赠他们一个特殊的纪念品，既可保佑他们吉祥平安，又可劝他们多做善事，我现在有一批梳子，物美价廉，我可以为您印上‘积善梳’及贵寺敬赠字样，送给香客。结果他订购了两百支，我又用同样的手法到几家寺庙推销，几天下来，总共向和尚推销了一千支梳子。”老板听完，频频点头，当下就任命丙当新营业部门的经理。

很多人一听“卖梳子给和尚”就摇头，因为他们把思考焦点都“钉死”在和尚上头，其实寺庙里不只有和尚，更有香客，如果能将思考焦点从和尚“转移”到香客上头，那卖梳子给和尚就容易多了。而丙比乙更技高一筹，因为他又将买来“用”转移到买来“送”上头。

将思考重心从“自己”转移到“别人”身上，还可以让自己摆脱看似无解的困境。譬如有一位林先生在一家小公司当副经理，最近感到非常厌倦与苦恼，因为他与上司张经理的相处越来越不融洽，经理老是找他麻烦，而让他兴起了想要另谋高就的念头。他暗中注意招聘广告，也托朋友替他介绍，希望能找到一个待遇和职位都比现在好的工作，却一直难以如愿。

有一天，一位好友告诉他一个好消息，某家大公司正有一个经理职缺，不仅待遇好，而且很有发展远景；但坏消息是条件严苛，他的经历根本不符合人家的要求。在失望之余，他忽然灵光一闪，而露出了微笑。因为他发现，经常找他麻烦的张经理倒是很符合对方的条件。既然自己走不了，那何不“让他走”呢？于是他请人将这个好消息告诉张经理，张经理听了果然心动，结果就跳槽到那家大公司当经理去了。而他也被老板升为经理，不仅待遇提高，也摆脱了他的苦恼，不用再每天面对经常找他麻烦的张经理。

像这样，在面对问题时，多动点脑筋，“自己”想得少一点，“别人”想得多一点，不仅能想出好点子，而且还能养成“多多为别人着想”的习惯。

乾坤挪移：谁让大西洋缩小了20%？

当你转移自己的思考焦点时，你能产生创新的点子；而当你转移别人的思考焦点时，你能制造惊讶的效果。

有人说，广告成功的秘诀就是在“制造惊讶”。在所有的创意思考中，转移式思考是最活泼、最能制造惊讶效果的，因为你永远不知道“会被转到什么方向去”，所以，转移消费者的思考焦点是创意广告最常运用的手法。譬如当你翻开报纸时，看到一排醒目的广告词：“自十二月二十三日起，大西洋将缩小20%”，每个人都必然会被它的“耸人听闻”所吸引，而忍不住想要立刻知道那究竟是怎么一回事，它成功地抓住了每一个读者的心思。仔细阅读后，才知道那是以色列航空公司的新喷气式飞机广告，因为自十二月二十三日起，新喷气式飞机将加入他们的服务行列，往返纽约与伦敦之间。广告要说的其实是：该公司的新喷气式飞机能使从纽约到伦敦“飞越大西洋的时间缩短20%”。

多数人在阅读这样的广告，晓得是怎么一回事后，不仅不会觉得以色列航空公司在骗人或油腔滑调，反而会发出会心的微笑，觉得这个广告很有创意、很聪明，因为它将我们的思考焦点从“时间”转移到“空间”上去，缩短时间变成了缩小空间，这种转移让人产生新奇的感受，并因此对该航空公司和他们的新喷气式飞机产生好印象。

下面是另一个例子：广告的主画面是大家非常熟悉的比萨盒，中间有个商标，一排字：“从此生活更方便！”但如果你以为这是什么新比萨连锁店的广告就大错特错啦！比萨盒下面的广告词赫然是：“我们把大型电脑，神奇地装在比萨盒里！”这是通用资讯公司的电脑广告，他们不是在卖比萨，而是在卖电脑，装在比萨盒里的是他们轻薄短小的笔记本电脑。

负责设计这则广告的路易斯，是美国广告界的首席创意指导，他说他将思考的焦点从电脑转移到比萨上面，不只是在强调它的轻薄短小，更在凸显它的人性化，让冷冰冰的电脑和热腾腾的比萨在消费者心中产生奇妙的联想，让人“食指大动”，增加通用资讯公司的亲和力，从而塑造该公司是个“关心你、想让你生活更方便”的人性化公司的形象。《时代》杂志的广告专栏作家傅兹也对这则广告赞许有加，说它是“通往高科技的美味之旅”。

有人将电脑转移到比萨，将高科技变成美味；有人则将食物和饭盒转移到另一个你意想不到的地方。譬如下面这则电视广告：荧幕上出现一个饭盒，然后一只手伸进来，用叉子叉食饭盒里的食物。棒球转播的声音不断传来，那只手也不断叉食饭盒里的食物。当观众了解到这是一个棒球迷边看电视转播边吃饭的情景后，接下来的画面是一段手写文字：“这就是生活，所以我们需要艺术。”然后是洛杉矶现代美术馆的画展通知。

边听棒球转播边吃便当的画面，突然曲径通幽，转换成画展广告，固然令人惊喜，但因此而让观众产生“艺术可以让我们不会死于无趣生活”的想法，兴起到美术馆参观画展的渴望，似乎更值得肯定和喝彩。转移思考焦点，不只是要吸引旁人的注意而已，更高明的是能够让人思考其他问题。

戏法人人会变，巧妙各自不同。要将思考的焦点转向何方，也是一种创意。

前瞻思考：王永庆卖米，摩托罗拉卖对讲机

预想未来可能发生的情况而未雨绸缪，以此规划目前应该有的行动，你就能看得比别人远，比别人有更多的“先见之明”。

台湾的经营之神王永庆穷苦出身，小学毕业后，就到一家米店当小工，几年下来，学了一些经验后，十六岁就靠父亲借来的一点钱，在嘉义开了一家米店。刚开张时，生意非常难做，因为多数家庭都已经有他们固定光顾的老米店，新米店很难找到新客户。为了克服困境，王永庆除了提升自己贩售米的品质、延长营业时间外，还以“先见之明”对顾客提供主动的服务。

当时的家庭都是在家里的米缸没米了，才会到米店买米，而米店老板通常是安坐家中，等待顾客上门。但王永庆化被动为主动，当顾客上门时，即主动说他要将米送到顾客家中，顾客省得自己背米，当然欢迎。在将米送到顾客家里，倒进

米缸后，王永庆并不急着离去，而是拿出记事本，记下这户人家米缸的大小，并询问顾客一家有几口、每个人每餐吃几碗饭、一天的用米量大概是多少等问题。然后再对顾客说："下次不必劳烦你到我店里买米了，我会主动送过来。"

在有了这些资料后，王永庆就先估算出这次所送的米量大概多久会用完。而在顾客米缸里的米快用完前两三天，他就真的主动把米送到顾客家中。这种主动服务的方式，很受顾客欢迎，在一传十、十传百后，他的顾客越来越多，不到一两年，米店的营业额就增长了十几倍，王永庆于是扩大经营，设置了碾米厂，为他庞大的事业版图迈出了第一步。

"先见之明"是很多事业有成者共有的优点，而所谓"先见之明"或"看得比别人远"，就是擅长对问题做前瞻性思考，预想未来可能发生的情况而未雨绸缪，规划目前应该有的行动。大家都听过阿姆斯特朗在登陆月球后，传回地球的那句名言："我的一小步，是人类的一大步。"但恐怕很少人知道，当年能让引颈企盼的地球人听到这句话，提供此一先进无线电通信的是摩托罗拉公司。全世界第一部手持双向对讲机、第一款商用手机，都是摩托罗拉率先推出的。它在移动通信方面，频频创下业界的领先纪录，它的成功同样要归功于第一代经营者卡尔文的先见之明。

摩托罗拉原先是以生产汽车音响为主（moto 为汽车，rola 为悦耳之音），是一家生意普通的小公司。一九三六年，老板卡尔文带着家人到欧洲度假，途经德国，目睹希特勒的种种行径，他就预见希特勒一定会发动战争。回到美国后，他思考的第一个问题是：战争爆发后会有什么需要？跟他的行业有什么关联？他发现了一个关乎国家与他个人的重大问题，那就是军方的通信问题。于是卡尔文立刻派助理去了解美国军方的通信设备，发现军方居然还沿用第一次世界大战时的通信方式，电话线需从前方战场一直架设到后方的指挥中心。这种落伍的方式让他觉得自己的机会来了，既然装在汽车里的收音机能够无线接收讯息，那是否能另外添加电子配件，使它也能具有无线传送讯息的功能呢？于是他立刻指派他的工程师们积极投入研发，结果，在希特勒挥军入侵波兰时，摩托罗拉已经准备妥当，可以马上生产手持的军用双向对讲机了。等到战争全面展开，这种新颖而效能好的通信器材果然成为抢手货，摩托罗拉也因此而大发利市，脱胎换骨，成为领先群伦的移动通信霸主。

只要在遇到问题时，提醒自己“看远一点”“五年十年后会是什么情况？”，你就能进行前瞻性思考，养成习惯后，就会有比别人更多的先见之明。

元素重组：拼联裤袜，组合印刷机

几种旧东西可以拼联、组合成新东西。但要说有多少创意，就要看旧东西彼此的不相干性，还有新功能与旧东西的差异性有多大。

创造很少是无中生有的，大部分的创造其实都是来自将旧有东西的拆解和重新组合，就好像有性生殖中染色体的分离和重组一般。所以，大部分的创意思考也都具有这种连接、重组的色彩，我们可以称之为组合式思考或组合式创意。

组合式思考的产物多如过江之鲫，我们先谈具体的东西，譬如深受女性喜爱的裤袜就是来自裤子和袜子的拼联；在预定时间到时会播放广播节目的收音机钟，则是组合了收音机和闹钟；携带方便又快速的随身包速溶咖啡，则是将咖啡、糖、奶精三合一而成。

虽然同样是拼联、重组，但像将裤子与袜子拼联成裤袜，似乎不需要太大的创意，因为裤子与袜子原本就属同类，而且靠得很近。但将飞机跑道和轮船结合在一起的航空母舰，则需要较多的创意，因为两者虽然同属运输工具，但本来的关联性不大，要将它们拼联成新东西就需要较多、较活泼的思考。由组合式思考所产生的新东西，创意的多寡不一，判断的一个通则是：被组合在一起的旧东西，它们的差异性越大，或产生的新功能与旧东西的差异性越大，就表示越有创意。

譬如德国人古腾堡发明的西方第一部活字印刷机就是一个例子，它发生于十五世纪，但古腾堡的灵感并非来自中国的毕昇，而是来自榨酒机和打币器（事实上，宋朝的毕昇虽然发明了活字印刷术，但活字以陶瓷制成，耐用性差，并未被普遍使用，即使在当时的中国也没几个人知道）。榨酒机是对一块大面积上的葡萄施加压力，榨出葡萄汁液；打币器是对一个小面积的铜板施加压力，将图像烙在上面：古腾堡把榨酒机和打币器这两种完全不相干的东西组合起来，将一堆打币器（即用金属刻制的活字字模）排在榨酒机上，榨酒机往下一压，底下的白纸就会留下一个个图像（文字）。这种新机器所具有的活字印刷功能，也跟旧有的榨酒和打币完全不相干，堪称是一种不简单而极富创意的发明。

要将两种东西组合在一起，看起来似乎非常简单，但如果我们考察历史，却又发现它并不如想象中那般容易。譬如人类很早就穿裤子和袜子，但结合这两者的裤袜却迟至一九五六年才由美国的纺织商人甘特发明生产，它的姗姗来迟也许是以前的人根本没有那个需要，觉得裤子袜子分开穿反而利落。但望远镜和显微镜的发明就让人“跌破眼镜”，理论上，将凸透镜（在前，老花眼镜片）和凹透镜（在后，近视镜片）连接在一起就可以做出望远镜，而将两个凸透镜连接在一起，就可做出显微镜，而人类的使用凸透镜和凹透镜，历史都相当悠久，但望远镜却迟至十七世纪初，才由荷兰的一家眼镜店老板汉斯·李波尔发明，而显微镜则要到十七世纪中叶，才由荷兰的磨镜人列文虎克发明。这两种组合，表面上看起来都非常简单，但在那么漫长的时间里，却没有一个人想到要这么做。

当然，并不是将几种旧东西组合在一起，就能产生有意义的新东西。但从望远镜和显微镜的发明过程看来，很显然的，还有很多东西尚未被组合，也还有很多组合尚未被发现。

思想挂勾：文化唯物论仿如梦境编织术

不同的器物可以连接重组，不同的观念、组织、方法当然也可以挂勾拼联，而且较少技术上的问题，它们其实才是最能让人自由挥洒的组合式创意。

很多新兴的知识体系，譬如结合心理学与神经学的心理神经学，结合人类学与唯物论的文化唯物论，结合社会学与生物学的社会生物学等，可以说也都是组合式创意的产物。但它们不是将两种或数种知识凑到一起，而是以一个领域的概念来解释另一个领域的现象。这种组合式知识，现在正被大量制造中，而它们往往也能提供我们不少新颖的观点。

有些组合，譬如结合保险与投资的新理财手法，将学习与旅游连接起来的游学团，或是结合网络与咖啡厅的网咖等新形态的商业行为，我们很容易即可看出它们的"本来面目"。但有些组合则不易察觉，譬如奥兹所开发出来的自动生产线作业方式——由输送带送来半成品，工人不必移动位置，在原地重复同样工作的生产方式，曾经大大提高了汽车及其他商品的生产量，而被认为很有创意。但它并非奥兹凭空想象出来的，而是由屠宰业、酿酒业、缝纫业三种不同产业的生产方式巧妙拼联而成：工人站在一个固定的工作台上，重复去处理同样的工作，这是屠宰业的模式；由输送带输送半成品到工人面前，显然是模仿酿酒业；而所有产品都使用规格相同、可彼此互换零件的方法，则早已被缝纫业所采行。

但将这种组合式创意发挥得淋漓尽致的恐怕非艺术创作者莫属。很多评论者都会告诉我们，某个伟大诗人、画家、音乐家的作品都有其复杂的来源和样貌，譬如智利诗人聂鲁达那脍炙人口的诗篇是融合了智利民族诗歌的传统、西班牙民族诗歌的特色、法国现代派诗人波德莱尔的诗风、美国惠特曼的自由诗形式等。当然，这种融合通常只是概念上的，在融合之后，它提供给我们的是一种整体性的新颖感受。

海明威在青年时代即热衷写作，有一次他和友人到熊溪钓鳟鱼，接连下了几天雨，钓旅回程，他从曼西罗纳搭火车南下，在车上，他先是瞟着前座的一个印第安少女打发时间，后来又和一位伐木工人聊天。回家后，他在日记里写下了一篇小说的纲要："曼西罗纳 / 雨夜 / 外貌强悍的伐木工人 / 年

轻的印地安女孩 / 伐木工人把女孩给杀了 / 然后自杀。”将个人的所见所闻“炒作”成新颖的故事，正是多数小说家惯用的伎俩。这样的连接与重组，让人想起我们在入睡后所做的梦（难怪弗洛伊德会说“小说是作家的白日梦”），梦可以说是来自个人心灵的“创作”，梦中出现的人、物、事等，经常是我们白天众多经验的“集锦”，譬如你因为读了《论语》而梦见周公，但梦中出现的周公却留着你父亲的胡子，戴着化学老师的金边眼镜，开着在电影里看过的一辆怪车，身边坐着小 S ……弗洛伊德将梦的这种运作方式称为“凝缩作用”，而所谓“凝缩”，就是将两种以上的东西连接、组合在一起。由此可知，组合式思考或组合式创意其实是我们与生俱来的能力，只要你会做梦，你就能有组合式创意。

很多人每天夜里所做的梦奇幻瑰丽无比，但在白天却绞尽脑汁也挤不出一丝有趣的点子，这不是他们没有创意，而是因为在睁开眼睛后，他们就“不敢再做梦”。

自我组合：成龙的喜剧功夫与张荣发的船队

一个人可以将他所具备的几种特质整合成一种新的样貌，一个企业也可以将它的几种营业项目整合成一个新的工作团队。

成龙是家喻户晓的国际巨星，但回顾他的从影之路，却也非一帆风顺。他在从京剧戏班子转入电影圈后，有好几年担任的都是跑龙套或配角，并不如意。一九七六年，导演罗维看上他，找他挑大梁拍《新精武门》，并将艺名改为“成龙”，用意很明显，就是在李小龙突然去世后，想将他打造成“李小龙第二”，而《新精武门》也是完全在延续李小龙的《精武门》。影片推出，卖座只是差强人意，接着又拍了好几部类似的武打片，但都成绩平平，无法像李小龙般大红大紫。个中缘由，很可能是因为成龙虽然也身手不凡、功夫了得，但踏着李小龙的脚步前进，毕竟走不远，也难以留下足迹。

后来，导演袁和平看出他有别于李小龙，属于他个人独有的幽默风趣特质（成龙曾在李翰祥导演的《金瓶双艳》里饰演插科打诨的郓哥一角），而将他的幽默风趣和身手不凡这两种特质做巧妙的结合，为他量身订制，写了能让他发挥长才的剧本，甚至由他自行设计情节，尽情挥洒，开创独树一帜的“功夫喜剧片”——《蛇形刁手》和《醉拳》。结果，接连两部片子都让观众耳目一新，拍案叫好，票房迭破纪录，他才因此脱颖而出，逐步建立影坛巨星的地位。他后来进军好莱坞，主演的《皇家威龙》《燕尾服》等，也都沿袭这种功夫喜剧的基调。

一个人可以将他所具备的几种特质整合成一种新的样貌，一个企业也可以将它的几种营业项目整合成一个新的工作团队，张荣发的长荣海运就是一个例子。长荣海运原本拥有美国、欧洲与中东三条定点航线，美国航线就是有货船来回于中国台湾与美国之间，在中国台湾出口全盛时期，有许多货运往美国，但美国很少有货运回中国台湾，所以经常造成空船返台的浪费现象，欧洲与中东的航线也类似。有一天，张荣发望着桌上的地球仪突然灵机一动：地球是圆的，如果让船从中国台湾到美国，再从美国到欧洲，由欧洲到中东，中东再返回中国台湾，如此绕地球一圈回来，只要这些定点之间有货物可载，不仅可避免可怕的空船浪费现象，而且以往要三条船才能航行美国、欧洲、中东三个地方，如今一条船就能跑遍三个地方。

在经过缜密的调查和评估后，张荣发于是在一九八四年，全球航运界裁员、卖船的不景气声中，毅然投资十亿美元，推出十六艘全新的自动化货柜轮，开辟了环球东西双向各八艘的定期航线。在将三条航线整合成一条环球线后，长荣海运立即省下一半油费、一半靠港费及七成船员，竞争力大增，很快在全球的航运界窜出头来。

跟别人或别的公司做整合，难度高、风险大，自我整合其实是最可靠也最自在的，关键在于你是否能将组合式思考运用得炉火纯青。

整合矛盾：且让修女与禅师共舞

将原本南辕北辙甚至水火不容、不可能在一起的东西凑到一起，鲜明的对比、离奇的样貌往往能让人产生复杂而错愕的感受。

在器物发明方面，组合是为了产生新的功能；在艺术创作方面，组合通常是为了产生新的意义或激发新的感受。譬如在鲍姆的小说《绿野仙踪》里，想要重返人间的小女孩多萝茜，在旅途中遇到了稻草人、铁皮人和狮子，他们结伴而行，历尽千辛万苦……这当然也是一种组合，而鲍姆将这四个人物凑在一起，显然是为了营造某些特殊的象征：其中多萝茜想要“回家”，稻草人想要“有智慧”，铁皮人想要“有颗心”，狮子想要“有勇气”。家、智慧、爱心和勇气，正是圆满人生应该具备的东西，而当他们完成任务时，四个人才发现自己都不缺少想要的东西。因为有了这些组合所产生的意义，《绿野仙踪》因而成为有创意的作品。

效果更大的是将原本南辕北辙甚至水火不容的东西组合在一起。鲜明的对比往往能让人产生复杂的感受，带来强烈的冲击甚至反对，但如果能组合得恰到好处，它的效果也是非常具有震撼性的。一九九二年好莱坞的卖座影片《修女也疯狂》就是一个绝佳的例子，由乌比·戈德堡饰演的赌城二流女歌手，因卷入凶杀案而被警方安排住进修道院，在无聊僵化的生活中，她自告奋勇担任唱诗班的指挥，教修女们以摇滚的形式来唱福音歌曲，简直就像夜总会的歌舞表演。这种将原本具有极大冲突性的赌城与修道院、歌手与修女、摇滚乐与圣歌结合在一起的新形式，在刚开始时必然会让人大皱眉头，觉得它离经叛道、不伦不类、难以接受；但就像电影剧情的发展，大家在一段时间的“不适”后，即会受到她们热情的感染，心灵随着她们的旋律飞扬，身体跟着她们的节奏舞动，觉得自己耳闻目睹了一种新的可能，一场大胆、充满创意的演出，而起立拍手叫好。

有些组合在现实世界里则几乎是“不可能的任务”，它们最常见于超现实主义的画作中。譬如马格里特有一幅画叫作《贯通的时间》，从壁炉中冒出一辆冒着浓烟，仿佛在急速行驶的火车。他另有一幅画将“几何学”与“散步”结合在一起，画名就叫作《几何学的散步》。达利有一幅画叫《睡醒前的瞬间》，画面则更为怪异：空悬于海上的石榴里生出怪鱼，怪鱼口中吐出老虎，老虎身前一把长枪，长枪对准仰卧岩上的裸女，一头有着四条纤长细腿的大象正缓缓渡过大海……石榴、鱼、老虎、大象、长枪、裸女、大海、岩石，这些都是真实而寻常的东西，但将它们做特殊的连接与重组后，就像画作名称所表示的，却让人产生“如梦似幻”的感受。

超现实主义作品中的“不可能”结合，目的是要“瘫痪”我们以逻辑挂帅的意识心灵，直接诉诸潜意识，让我们在错愕中，觉得仿佛内心深处某种东西被触动，而产生难以言说的奇妙感受。无独有偶，中国禅宗也经常运用这种“不可能”的结合，譬如善慧禅师的一首禅诗：“空手把锄头，步行骑水牛；人从桥上过，桥流水不流。”已经“空手”怎会“把锄头”？既然“步行”怎能“骑水牛”？这种“不可能”的结合同样是要瘫痪我们的意识心灵，不过目的是想破除我们内心对某些东西的执着和迷障。

新，有各种不同的可能样貌，也有各种不同的呈现方式，但都是对旧的再运用。如何连“旧”成“新”，那就要看你的组合功力。

水平思考：一个美少女的难题与机智

在思考的起点先有很多不同的，甚至相互矛盾的假设，像凌乱散置的积木，然后找出这些积木之间行得通的相接点，就是一种创意。

某甲因经商失败，欠某乙一笔巨款。某乙垂涎某甲年轻貌美的女儿，要求某甲用女儿来抵债，否则一状告到官府去，某甲锒铛入狱，女儿也将因孤苦无助而陷入不幸。三人在花园里一条铺满石子的小径上商量此事，为了缓和此一赤裸裸的要挟，某乙假慈悲地说要让此事听从上天的安排，他背着某甲父女捡起两块石子，放到空钱袋里，说其中一颗是黑石子，一颗是白石子，请某甲女儿伸手选出其一，如果选中的是黑石子，她就要成为他的妻子，某甲的负债当然也不必还了。如果选中的是白石子，那么看在老天的份上，她可以留在父亲的身边，债务也一笔勾销。

这当然是个诡计，某乙放在钱袋里的两颗石子都是黑色的，某甲的女儿明知此事，却无法加以拆穿。不过她灵机一动，看似漫不经心地探手入钱袋中，摸出一个石子，但玉手一松，石子很快滚落到小径上黑白相间的石子堆里，分辨不出是黑是白。然后她不好意思地对某乙说："对不起，我真是笨手笨脚！但没关系，您只要看钱袋中剩下的一颗是黑是白，就知道我刚才所选的那一颗是什么颜色了。"钱袋中剩下的一颗当然是黑的，某乙不愿承认自己的诡计，只好把某甲女儿所选的那一颗当作是白的了。某甲女儿也因为自己的机智而扭转乾坤，转危为安。

某甲女儿所用的方法就是心理学家德·波诺鼓吹的"水平思考法"。我们在思考问题时，惯用的是"垂直思考"——假定一个目标或角度，然后如堆积木般，一个步骤接一个步骤，依逻辑推理法则架构起来，电脑的思考方式即为典型的"垂直思考"；而"水平思考"则是在思考的起点有很多不同的，甚至相互矛盾的假设，像凌乱散置的积木，然后找出这些积木之间是否有"相接"之处。譬如前述美少女的难题，"垂直思考"将思考的重点放在选出的石子上，在这个既定前提下，你运用多美妙的逻辑推理，都无法求得理想的解答；而"水平思考"则先同时考虑"两颗石子"，然后把重点放在留在钱袋里的那颗石子上，将这条思路与拣选的动作相接起来，于是就得到了化险为夷的理想解答。

如果说“创造”是将两个看似不相干的东西衔接起来，而产生新的意义，那么“水平思考”就蕴含了这种潜能，而且是可以训练的。为了帮助你从不同的角度来思考，或进行“不相干的联想”，你可以随便翻开一本字典，看看刚好看到什么字或词，然后“思考”这个字或词与原先的问题有什么“关联”。譬如你想设计一种有创意的新轮子，翻开字典，刚好看到“橘子”这个词，于是以此出发来找“轮子”的设计图，把“轮子”设计成“橘子”一样的圆球形，的确是个新颖的构想，但接下来就必须考虑它是否能通过逻辑或现实的检验，譬如它在路边停车时要怎么办呢？是不是能转弯呢？如果无法通过这些逻辑考验，就需要改弦更张。但至少它让你认识到轮子未必然是目前既有的那种形状而已。

很多创新就是这样产生的。“水平思考”是不管它表面上看起来多么荒谬，只要你不先心存“对错”的判断，而“有趣”地去加以联想，往往就会有意想不到的结果。

主题观点：弗洛伊德的“吾道一以贯之”

对一个问题，从很多不同的角度去思考，可以带来创意；反之，对很多不同的问题，都用同一个角度去思考，同样可以带来创意。

话说有一位精神科医师对某个病人做心理测验，他出示“苹果”这个字，问病人联想到什么？病人回答说“性”；然后他又出示“绳子”这个字，问病人联想到什么？病人还是回答“性”；后来又出示“笔”“杯子”“鸟”这几个字，结果病人说这些字也都让他想到“性”。医师问说：“为什么这么多字都让你联想到‘性’呢？”病人耸耸肩，说：“因为我满脑子一直在想的都是‘性’。”

这就是对很多不同的问题，都用同一个角度去思考，正是所谓的“吾道一以贯之”，也可以称为主题观点式的思考法。也许你并不认为这位精神病人的性联想有什么创意，那么请再看下面这个例子：

有一位精神科医师尝试解答文学艺术界的诸多公案，譬如莎士比亚戏剧中的哈姆雷特为什么迟迟无法展开复仇行动？答案是“性”（哈姆雷特有恋母情结，仇人对母亲所做的正是他想做的）；达·芬奇为什么画出那神秘的《蒙娜丽莎》的微笑？关键也是“性”（那个神秘的微笑隐藏了达·芬奇对母亲复杂的感情）；歌德的童年回忆里为什么很少提到他弟弟？答案还是“性”（歌德憎恨弟弟，因为弟弟是他的情敌，和他争夺母亲这个爱人）。

也许你已经知道，这位精神科医师就是精神分析大师弗洛伊德，他可是世人公认极具原创性的天才。“性”是弗洛伊德的主题观点，他对很多问题也都从“性”的角度去解释。疯子与天才同样是“吾道一以贯之”，差别在于能否将那个“一”（主题观点）化为产生新意义、新视野的触媒，“贯”出一番道理来。

凡事“性以贯之”，虽然易启人疑窦，但却也经常带来拍案惊奇的效果，譬如“科学家为什么想去探究宇宙的奥秘呢？”照弗洛伊德的说法，这里面可能也有被隐藏的“性”动机，因为科学家想“揭开宇宙神秘的面纱”，就好像小孩子想“掀开父母床上神秘的被单”一样，那很可能是小时候

"性好奇"的一种延续和升华。信不信由你，但你不得不承认，这种说法很有创意。

同样的，你也可以用"性"来看"死亡"这个阴沉的议题。只要你念兹在兹，万流归性，那你将不难发现"自杀"就像"自慰"，而"杀人"则好比"强奸"。结果，你就会得到另一个精神科医生萨兹关于自杀的激进论述："自杀虽不一定是好事，但那是你的权利。自杀跟杀人的关系就像自慰同强奸的关系一样，是自己的事，与他人无涉。"不要认为这太荒唐，在讨论自杀的道德问题时，它可是经常被引用的一个创意观点。

哈佛大学的科学史学家霍登认为，很多大师都有一两个主题观点，即使在缺乏证据或证据显然不足的情况下，他们仍然会坚持他们的某些基本假设，并想办法自圆其说，弗洛伊德、爱因斯坦、克洛德·列维-斯特劳斯等大师都有这种倾向。弗洛伊德的主题观点是"性"，爱因斯坦的主题观点是"统一与对称"，克洛德·列维-斯特劳斯的主题观点则是"二元对比"。

人文心理学家马斯洛说："当你只有一把锤子时，什么东西看起来都会像钉子。"你会用手中的锤子去"定义"你看到的每样东西。这似乎是在劝人不要偏执，不要"一以贯之"，但有时候，你要见人所未见，真的需要用手中的锤子，去敲敲周遭的每样东西，看看它们有什么回应。

观念移植：太阳系 VS 原子构造

一个领域的已知法则，可以拿来解释另一个领域的现象。同样的，在某个领域有效的方法，也可以被移植到另一个领域，而成为一种创新。

在科学界公认原子是形成分子的基本单位时，各方人马都想要解开原子的构造之谜，最后由物理学家玻尔拔得头筹。玻尔的原子构造模型——原子核位于中心，数圈电子在固定的轨道上绕着它运转——它非常类似太阳系的构造，而事实上，玻尔的灵感就是来自太阳系。有一天晚上他做了一个梦，梦见自己站在太阳上，全身被炽燃的气体所包裹，行星各以一根细丝和太阳相连，绕着太阳运转，从他身边飕飕而过；忽然间，热气冷却了，太阳凝固了，而行星也脱轨逸失了。玻尔从梦中醒来，直觉到他刚刚在梦中目睹了原子的模型——在中心固定不动的太阳是原子核，绕着它运转的行星是电子，以某一能量场形成它们的轨道。

这是一个典型的灵感之梦，也许玻尔在潜意识里已经有了“小宇宙（原子）和大宇宙（太阳系）有着相同结构”的想法，而梦则适时地将它图像化。无独有偶，当法国科学家库伦在探讨电荷间的作用力时（这也是个小宇宙问题），他想到牛顿的万有引力定律——两个星球间的引力“与其质量成正比，距离的平方成反比”（这是大宇宙的定律）。于是，他大胆假设两个电荷间的作用力“与其电量成正比，距离的平方成反比”，然后用他自己发明的精密扭秤来验证这个假设，结果得到了电学中第一个精确的定量规律——库仑定律。

玻尔和库仑的创造灵感，基本上都是用一个领域的已知法则来解释另一个领域的现象，它可以说是一种思考的“移植”或者“类比”。古今中外有很多哲学家都认为，宇宙中有若干基本秩序的存在，在某一个层次出现的法则，一定又会在其他层次上出现。它有相当的真实性，善用这个法则，常能为某些问题带来令人惊喜的灵感。

同样，在某个领域有效的方法也可以被移植到另一个领域，而成为一种创新。譬如具有消热解毒作用的中药材牛黄，它其实就是牛的胆结石，过去只有在宰牛时发现牛胆里有胆结石，取出后经过处理，才能制造牛黄，因得来不易，所以非常珍贵。有人将人造珍珠的制法——将碎粒嵌入蚌的体内，由蚌自行分泌黏液包裹——移植到牛的身上，而开发出人造牛黄的新方法——先以手术将异物植入牛的胆囊内，让牛分泌胆汁包裹，形成胆结石，结果成功地制造出价格低廉的牛黄。反之，过去泌尿科医师对肾结石的治疗都必须以手术方法取出，现在则有人把营建工程中的微爆技术移植过来，开发出新的“震波碎石术”，先将肾结石在体内爆成碎粒，让它们随小便排出，简便而不必动刀，很受病人欢迎。

一八五六年，法国某些酿酒厂突然发生醇酒变酸的问题，化学家巴斯德用显微镜反复观察酒的发酵过程，比较变酸和未变酸的酒，发现醇酒变酸是因为一种细菌在作怪，并研发出将酒加热杀死细菌的“巴斯德消毒法”。此一科学史上的重要里程碑至少被移植到两方面：一是李斯特医生从细菌能使酒变酸的事实推论，细菌很可能也是手术后病人发烧、致死的原因，而将“巴斯德消毒法”应用到外科手术中，成功地解决了外科手术的消毒杀菌问题。二是后来法国养蚕业又面临蚕只暴毙的问题，巴斯德运用挽救酿酒业同样的方法，先以显微镜观察从卵到蚕到蛹到蛾的各个阶段，比较病蚕与非病蚕的差异，找出让蚕生病的细菌，隔离、扑杀病蚕，最后也成功地拯救了法国的养蚕业。

极端思考：割稻就像理发、剃须好比耙草

将所思考的对象、所面对的问题极端化，譬如将它放大、缩小、简化，往往也能让人看到在正常状态下看不到的新情况，而产生新的想法。

每个人都理过头发，理发师操作他手上的理发推器，在你的头顶上推来推去，你的头发就一束束飞落。美国有一个叫麦可米克的人，在理发时将这个景象“放大”：如果头皮像一片广阔的稻田，每根待理的头发像一根根成熟的稻子，那么理发推器会是什么呢？它就成了一种崭新的“割稻机”。事实上，发明割稻机的灵感就是这样来的。麦可米克因为自己经营的公司就专门生产农业机械，他能做这种联想也许是来自专业直觉，但将你所看到的寻常事物“放大”来看，确实会有一些意想不到的结果。

反之，一个叫金·吉列的人，有一天路过一片刚收割完

的田地，看到一位农夫正用耙子清理田地，农夫轻松地拿着耙子耙梳，就将田里的麦秆耙到一边去。看着看着，他心中忽然茅塞顿开，如果将耙子“缩小”，那不就是一把轻便的新剃须刀了吗？“吉列剃须刀”的灵感就是这样来的。事实上，吉列原是个推销员，工作使他必须非常注意仪容，但他觉得传统的长柄剃刀很不方便，不仅要定期磨利刀口，还会经常在脸上划出伤痕，于是兴起想自己发明新型剃须刀的念头。但钻研了好多年，却都失败了，主要是因为他跳不出老式长柄剃刀的那个框框，直到看到农夫用耙子耙地，他才“豁然开朗”：新剃须刀的刀片应该像耙子的铁耙，和支撑它的柄垂直，这样不仅方便操作，而且刀片钝了可以随时更换。

麦可米克将理发推器放大，发明了割稻机；而金·吉列将耙子缩小，发明了剃须刀；“整容”与“整地”间居然有这种关联，人类创意的奇妙遇合，让人不得不为之惊叹。

爱因斯坦创建相对论，有部分灵感也是来自这种极端化思考。他将物质的运动速度极大化，让它接近或等于光速，然后探讨在这种情况下可能发生的问题，譬如在以光速疾驶的火车上照镜子的问题、车内乘客与车外观察者的问题、质量与能量变化的问题等，并从中导出了相对论。

手电筒的发明则是极简化的一个有趣例子：一八九〇年，

从俄国移民到美国的休伯特两袖清风，他的一个朋友同情他，将他发明的电子花盆让给休伯特，这种电子花盆有点像现在的圣诞灯饰，漂亮的花朵里装着小灯泡，花盆里有个电池，只要按个钮，美丽的花朵就会闪闪发光。但也许因为它构造太复杂、售价太昂贵、缺乏实用性，销路并不好。休伯特有一天就将它来个五马分尸，只留下电池、一个灯泡、按钮，用个圆筒将它们连在一起，结果就成了既简单又实用的手电筒。而休伯特也因此摇身一变，成为富豪。

营造一种极端情境，借以探讨人们在这种情境中可能的反应，更是很多艺术创作——特别是小说常用的手法。譬如在斯威夫特的《格列佛游记》里，格列佛分别到小人国和大人国游历，在小人国里成了勇猛无比的巨人，而在大人国里却成了渺小无助的侏儒。在清朝李汝珍的《镜花缘》里，唐敖等人也到各种匪夷所思的国度游历，譬如女尊男卑的女儿国、虚伪欺诈的两面国、刻薄贪吝的无肠国等，众人的理智与情感在接受严酷的考验。而在卡夫卡的小说《变形记》里，主角更变成一只昆虫，所有的人际关系及主角的自我认同都因而变形，将读者推入一个非常怪诞、荒凉的境地里。

做人不可极端，思想也不宜偏激，但在思考问题时，假设一些极端情境，徜徉其中，将是一件有趣的事。

加成作用：现在是春天，而我是瞎子

在原有的东西上头添加新东西，通常是为了增添新的功能，但如果能因此多出一些额外的、超越原先设想的其他功能或意义，那就更具创意。

公共卫生专家为了预防蛀牙，在牙膏中加氟；为了预防甲状腺肿，在食盐中加碘；诺贝尔为了增加炸药的安全性，在硝化甘油中添加硅藻土。这种添加式思考或创意，跟前面所说的组合式思考或创意其实非常类似，但基本上，它们都只是一加一等于二而已，如果能让一加一大于二，那就更具创意。

譬如下面这个故事：在纽约街头人来人往的角落，有一个人坐在地上，身前摆了个脸盆，脸盆前放了一张大纸板，上面写着："我是瞎子。"原来他是个瞎子，希望过路人能同情他，投钱给他。但匆匆而过的行人看了那张纸板和他一眼，却少有人愿意济助他。有一个知名的创意人刚好路过，他很同情这位瞎子，但自己身上刚好没带钱，于是对瞎子说："这样吧，我来帮你加几个字。"他拿起大纸板，在上面加了几个字，放回原处。过没多久，瞎子的脸盆里就装满了钱。那位创意人在纸板上加了什么让行人为之动容的字眼呢？原来纸板上的那句话已变成："现在是春天，而我是瞎子。"

"我是瞎子"是平淡无奇的叙述，很难挑起过路人的特别反应；"现在是春天"也是人人皆知，但在"我是瞎子"之前加上"现在是春天"，两者形成一种强烈的对比，就多出了另一层意义，凸显眼前这个瞎子无法如正常的你我欣赏春天美景的不幸和悲哀，而成功达到了挑起过路人同情心的目的。这就是一加一大于二。

贝聿铭所设计的巴黎罗浮宫前的玻璃金字塔，就是一个典型的添加式创意典范。在四周都是中世纪古迹的拿破仑广场上，添加这座现代化建筑是一项非常大胆的创新，但贝聿铭的设计能够在十五位世界知名博物馆馆长所组成的遴选团中，获得十三票的赞成票，大家看中的正是他那具有丰富意义的添加式创意：罗浮宫博物馆里收藏了古埃及至十九世纪的艺术珍品，以玻璃帷幕的现代化金字塔作为罗浮宫的主要入口，观众就像从古埃及文明开始，一步步进抵近代艺术，浏览了整个历史的演变，极具象征意义。而且，在巴黎的阳光下，金字塔的透明玻璃反映出四周的中世纪建筑物，当观众绕着金字塔而行时，玻璃上的景物也会跟着一起移动，形成另一种活动的艺术。另外，犹如一个巨大天窗的玻璃穹顶，也可让光照入大堂里，让艺术融合在大自然之中。

贝聿铭在罗浮宫前盖个玻璃金字塔，不是想增加展览空间或多个现代化入口而已，而是希望一加一大于二，在古代与现代、自然与文明、科学与艺术的交错中，让人产生丰饶而又深邃的感受，而这也是它成为二十世纪最有创意建筑之一的原因。

康拉德的长篇小说《诺斯特罗莫》，也是添加式创意的产物。在小说的序文里，康拉德说他创作的灵感来自他航海过程中听到的一则故事，故事的主角是个“全然的恶棍”，他在南美洲的一场革命中，从海边盗取了大量的银。但在写作过程中，康拉德心中却浮现一个复杂的念头：觉得这个盗宝者也许不是全然的恶棍，他甚至可以是一个很有理想、很有德行的人。于是，在他的添加下，一个被物质利益熏心的理想主义者，一个有德的恶棍，这种矛盾组合遂成为《诺斯特罗莫》一书的主题。康拉德说：“直到那时，我才第一次瞥见一个朦胧的国度……它高耸而苍郁的山峦与多雾的墓地，无言地见证了人类对善与恶的短视，以及由此热情中迸发出来的诸般事件。”因为有了这种添加，而使《诺斯特罗莫》成为不朽的名著。

如何让一加一大于二，需要的显然不是算术，而是创意。

删减效果：Hello Kitty 与《荒原》的魅力

创造，并不一定都是添加新东西，删除旧东西也是一种创造，而且需要比添加新东西更特别的思维和更果敢的行动。

头上绑着红色缎带，有六根胡须的白色凯蒂猫（Hello Kitty），在日本、美国和中国台湾都是非常受欢迎的布偶，这种跨越国界的魅力到底在哪里呢？生产凯蒂猫的三丽鸥公司策划部门说："凯蒂猫没有嘴巴……这正是使它成为长期畅销商品的最大秘密。"那凯蒂猫为什么没有嘴巴呢？它并不是基于什么美感上的理由，而是精心策划后故意的"删除"。它来自如下特别的思维：从心理学来看，一个布偶要成为主人的知心伴侣，必须在主人哀伤的时候，能在身边感同身受；而高兴的时候，能一起分享快乐。什么样的布偶能够随着主人情绪的变化而变化呢？最好的方法就是它不要有明确的表情，能让主人在任何心情下，都可以对它"投射"

或“移入”感情。而不管是人或动物，表情的关键都在眼睛和嘴巴，特别是嘴巴，弧度有些微的变化，就有很大的情绪上差别。

三丽鸥公司的策划部门就是基于以上的认知，为了让凯蒂猫成为顾客永远的知心伴侣，所以在设计当初，即刻意采取眼睛不流露感情和删除嘴巴的手法。凯蒂猫的广受喜爱，证明它是一个很好的创意。

删除，往往需要比添加更大的智慧与勇气。美国诗人艾略特的长诗《荒原》，描述一种超凡的心灵历程，气势磅礴、敏锐犀利，是二十世纪最有创意、最重要的代表诗作之一。但它的成功与艺术价值有一半的功劳可说是来自艾略特的友人，另一个诗人庞德大刀阔斧的删除。

《荒原》的创作历时长达数年，初稿约略有一千行之多，艾略特的野心很大，尝试以现代人的爱欲情仇、悲欢离合，穿插古往今来众多的片段传奇、诗文典故，塑造丰繁而深邃的意象。当他将初稿交给挚友庞德过目时，庞德却毫不留情地加以删改，太多重复的意象、冗长的修辞、不必要的卖弄、个人用字遣词的怪癖、模糊而暧昧的描述等，都一一被无情地剔除，而使后来的篇幅只剩下原来的一半。但也正因为有这种删除，才让《荒原》能更精炼、更敏锐、更清晰地传达艾略特想要传达的意念，并成为不朽杰作。

从艾略特的《荒原》到 Hello Kitty，在艺术与商品、创意的删除与增添间，我们似乎找到了一个奇妙的接合点。王阳明说，“吾辈用功只求日减，不求日增”，其中“日减”就是删除，删除不必要的累赘，不仅是修身养性所必需，也是创意思考所必要。

图像思考：达尔文心中的“想象之树”

图像思考比文字思考更原始、更基本，也是想象力丰富的一个重要指标，它为创造者提供了难以言说的隐喻。

有人喜欢用文字思考，有人喜欢用图像思考。某些专家认为图像无法像文字般缜密而深入，所以偏好图像思考会使一个人的思想流于肤浅。其实，图像思考和文字思考各擅胜场，我们很难说何者一定优于另者。画家擅长图像思考不说，其他领域的很多原创者也都喜欢运用图像来思考。

达尔文在参加“小猎犬号”的科学之旅回到英国后，经过二十三年的整理资料、摸索思考，完成石破天惊的《物种起源》一书。这本谈论生物进化、改变人类历史的书，里面只有一张图，它不是什么珍禽异兽，而是一棵树，但也不是真的树，而是达尔文心中的一棵“想象之树”，它呈不规则分枝，象征达尔文进化论中最重要的核心概念。研究达尔文创造历程的心理学家格鲁伯发现，在达尔文形成其理论过程中，最重要的因素是一个图像——也就是这棵“想象之树”。在达尔文的笔记本里，他一再描绘这样的一棵树，但每张图都稍有不同，都添加或减少一些分枝，形成某个特殊观点。他一再修饰他的理论，就像一再修饰这棵树。这棵树成了达尔文进化论的一个隐喻，一个心灵图像。

精神分析大师弗洛伊德在探讨意识与潜意识问题时，也使用了岛屿这样一个图像：意识就好像岛屿浮在海面上可见的一小部分，而潜意识则是在海面下看不见的一大部分，前意识则是岛屿随着潮水涨落时而浮现时而隐没的部分。潜意识虽然“看不见”（无法察觉），但却是盘踞在心灵中的主要成分，也是支配一个人的主要力量。这个岛屿也成了弗洛伊德精神分析学说里的一个重要隐喻。

在心中摩想或自动浮现一个影像，有时能让自己苦思而不得其解的问题豁然开朗，譬如数学家阿达马经常思索无限大数字这个问题，有一次脑中忽然浮现“一条丝带般的东西，在可能重要的关键处看起来比较厚、颜色比较深”，这个影像使他找到了解决无限大数字的答案。如果能将阿达马心中的影像画成画，那想必也是很有创意的抽象画或超现实绘画。

图像思考比文字思考来得原始，也是想象力丰富的一个重要指标。《哈利·波特》是充满想象力的畅销书，作者罗琳说她的写作不是直接诉诸文字，而是心中先有一个场景、一个图像，文字只是对这些场景和影像的描述，就好像一个人在描述她的梦境一般，也许这也是《哈利·波特》能如梦似幻的原因之一。

爱因斯坦也非常擅长甚至偏爱图像思考，他想像在以光速运动时的各种“景象”，譬如在以光速疾驶的火车上照镜子的问题；骑在光线上离开一个钟面，钟上的时间是否会冻结的问题，等等。他的相对论当然需要一些数学计算、逻辑推理，发表时也需借文字来描述，但真正带来突破的却都是图像思考。在谈到自己思维的主要特征时，爱因斯坦曾说：“我思维的主要成分，是形成某些符号或清晰度不同的图像，可以随心所欲地再现组合……这些要素是视觉上的，传统的文字只居于次要地位。”

一个有高度创造力的人，通常会运用他所具备的各种心智功能，而其中，图像思考是相当重要，但却常被忽视的心智功能。

逻辑把关：破解自由落体与灵异钟

理性与逻辑思考不仅是落实创意，将点子化为具体行动所必需，只要你够理性、非常有逻辑，它们也能让你非常有创意。

众所周知，伽利略曾在有名的比萨斜塔做自由落体实验，证明“所有物体都以相同的加速度下落，而与物体本身的轻重无关”，并因此推翻亚里士多德“物体落下的速度与其重量成正比”的说法。其实，在到比萨斜塔做实验之前，伽利略即以逻辑推理指出亚里士多德观点的谬误。其推理如下：假设有A与B两物体，A比B重，照亚里士多德的说法，A比B更早落地；现在将A与B绑在一起，那么因为A+B比A重，所以A+B会比A更早落地；但从另一个角度来看，A与B绑在一起时，因为B落下的速度比A慢，在B的拉扯下，A+B又会比A更晚落地。结果成为一个矛盾现象，因而推知亚里士多德的说法在逻辑上根本就是错的。像这样，只要经过缜密的逻辑思考，就可以清除很多迷障，为新理论、新发现铺路。

诺贝尔物理学奖得主费曼，也擅长理性思考。有一次，他亲身经历了一个看起来极为怪异的超自然现象：费曼和他的的第一任妻子艾琳伉俪情深，但后来艾琳却因严重的结核病而长期住院，费曼因为工作的关系，不能随侍在侧，只能抽空到医院探望她。有一天，费曼又到医院陪她时，妻子指着她病床旁边一座古老的时钟说："这座时钟象征着我们一起共度的人生。每当我看着它时，我就想起和你在一起的美好时光，我希望你能记得它。"对妻子这种类似告别的温柔叮咛，费曼只能黯然神伤。后来，艾琳就病逝于那家医院。医院的护士打电话通知费曼，说他挚爱的妻子已经在"某时某分"去世。悲伤的费曼赶到医院后，发现妻子病床旁边的时钟刚好就停在她去世的"某时某分"。

如果是你，你会如何解释这个不可思议的现象呢？类似的神奇故事还不少，譬如一七一五年九月一日上午七时四十五分，法王路易十四去世，而他特别种爱的一座时钟就在那一刻忽然停了。灵异学家说，这是死者和时钟"交感"，心有灵犀一点通的关系。但多数科学家则会说这纯属"巧合"，全世界每天不知道有多少时钟会忽然停下来，也不知道有多少人过世，所以，每隔一段时间，在某人过世时，他身旁的时钟“刚好”停下来，纯属“或然率”的问题，没什么好大惊小怪的。这两种说法都有人相信，你不是相信灵异学家，就是相信科学家。

但费曼说他“花了一分钟”思考，就提出了第三种解释，他用的就是逻辑思考。就逻辑上来说，病房时钟停下来的时刻只有三种可能：在他妻子断气“之前”“同时”或“之后”。灵异学家只考虑也只对“同时”此一情况感兴趣，但为什么不思考一下“之前”这个情况呢？费曼根据此逻辑推演，提出如下的解释：因为那是一座非常古老的时钟，过去常莫名其妙地说停就停。它很可能在他妻子去世前一小段时间就已经停摆（这比在妻子断气那一分钟停摆的机会多出好几百千倍），护士赶到病房，要记录病人的死亡时间时，很自然会以旁边时钟所指的时间为准（当然，她不知道钟已经停了），而它也就是后来费曼赶到医院时所看到的时钟时间。一个本来可以被渲染成“浪漫、灵异”的爱情与死亡故事，在逻辑推演下，成了因思维不够缜密而产生的“超自然幻象”，虽然有点煞风景，但我们不得不承认，费曼所提出来的解释，是对这个老问题新而又有创意的解释。

要解决问题就好比在挖洞，传统、正规的逻辑思考好比在某个地方笔直地往下挖，而前面所说的各种创意思考则是换个地方挖挖看。如果答案不是藏在某个地方，那么你挖得再深也是徒劳，但在你想换个地方挖挖看时，不妨先问问自己：是否已经挖得够深？是否已经善用了自己的理性逻辑思考？

收发自如：从进化论到洗衣机的思考步骤

发散思考是求异思考，收敛思考是求同思考，思考的发散与收敛，其实代表了创造过程里的两个不同阶段。

在整个创造过程中，创造者通常会交替运用好几种思考形态，譬如逆向思考加上逻辑思考、极端思考加上图像思考等，而最常见的则是发散思考与收敛思考的有机组合。

所谓发散思考，是指从一个问题或一种现象中看出多种可能，譬如前面提到的“如何用气压计测量一栋大楼高度”，学生时代的玻尔就想到了七种方法；又譬如“砖块可以做什么？”它可以建房子、盖烟囱、画画、镇纸、当敲击乐器、当武器等，能列举的数量和类别越多，就表示发散思考能力越强。而收敛思考则是指从多种现象（或可能）中找出一个结论（或答案）。譬如若问：“妈妈、公主、嫂嫂、护士、妹妹代表什么？”答案只有一个——代表“女人”，收敛思考是异中求同，较类似归纳法，属于传统的理性思考。

因为发散思考能让人看到各种可能性，所以被认为和创造力密切相关。但思考的发散与收敛，其实代表了创造过程里的两个不同阶段，当创造者面对一个问题时，他通常会先把玩这个问题，发挥想象力，从各个角度去看它，这是发散思考，它为解决问题提供足够的材料。等材料齐全后，就进入收敛思考的阶段，在这个阶段，一个人通常只需发挥他的逻辑推理能力，异中求同，就能为正确的问题找到正确的答案。但通常在面对较复杂的问题时，这两种思考方式会一再循环，交替出现。

譬如达尔文，花很长的时间收集各种生物和地质资料，这是发散思考；然后根据这些材料，理出背后"物竞天择，适者生存"的共同进化法则，这是收敛思考。但在形成进化论的漫长过程中，发散与收敛是一再循环使用的。在思考"海中生物"这个问题时，他先列举出不同类别的生物，譬如属于鱼类的鲨鱼，属于爬虫类的鱼龙，属于哺乳类的海豚，等等，这是发散思考，接下来异中求同，它们的共同点是都有梭状形体，胸鳍、背鳍和尾鳍，这是收敛思考。不同类的生物为什么会有这些共同点呢？显然是为了方便"在海中游泳"，于是得到不同生物在相同环境中，会有相同形态和构造的“趋同演化”观点。进化论里的很多观念都是这样一点一滴累积起来的。

又譬如要发明能自动洗衣服的机器，首先，需要用发散思考列出各种洗涤衣物的方法，包括用手搓洗、擦板搓洗、浸泡热水、棒槌敲打、流水冲洗等，接着用收敛思考找出各种方法的共通点，“利用水的流动，冲掉衣服上的污物”。再用发散思考想出“可以加速水流”的各种方法，譬如喷嘴、泵、转盘、螺旋桨等，以及“去除衣服上的污物”的各种方法，如加温、加清洁剂、旋转等，然后再以收敛思考分析比较，找出最有效、经济、技术上可行的方法。我们考察洗衣机发明史上的变迁，可以发现它大致是循着这样的路子在演进的，最早的洗衣机是一个带柄的箱子，先将衣服和水都放进箱子里，然后转动手柄搅动衣服；后来里面多装了把水加热的煤气喷嘴，后来又加装电动转盘，以转盘推动衣服在机内滚动，后来又添加分段水流……其实，很多的发明也都经历类似的过程。

一个真正的创造者，不仅擅长发散思考，也精于收敛思考，是真正的“能发能收”，而且“收发自如”。

03

第三章

让你成为创造者的十九个特质

创造的条件是：迷惑，集中注意力，接受冲突和压力，每天如获新生，有自我感。

——弗洛姆

永远好奇：站在神秘抽屉前的创造者

好奇心是创造者的心，就像华特·迪士尼所说："我们不断前进，打开新门户，从事新事务，因为我们好奇。"

"创立相对论的人为什么偏偏会是我呢？"爱因斯坦曾经如此自问，然后自答说："我想最主要的原因是一个正常的成年人是不会去思考有关空间和时间的问题的，他认为这些事情早在孩提时代就已经思考过了。而我的智力发展得比较慢，因此一直到成年之后才开始对时间和空间的问题感到好奇。在这种情况下，我对于这些问题自然会比一般的儿童思考得更为深入。"言下之意是，他比正常成年人多了一点好奇心。而他在写给医生友人朱利斯伯格的信里则说："不管我们活得多久却都不会变老……我们一直像个好奇的小孩站在我们从中诞生的伟大神秘之前。"

好奇心与随之而来的探索，是人类的本能，也是各种创新和进步的原动力。每一个人在小时候，都有偷偷打开家里的抽屉看看里面究竟藏着什么东西的经验。创造者可以说就是依然保有这颗“赤子之心”的人。画家达利有一件雕刻作品叫《带抽屉的米罗维纳斯》，在我们熟悉的维纳斯雕像的额头、胸部、腹部、膝盖上，多了几个打开、半开、尚未打开的抽屉。这当然是一种象征，象征达利对很多东西（特别是女人），依然保有持续不衰的好奇心。每个人都曾经对这个或那个有过好奇心，问题是如何让它持续不衰，而且将之付诸行动。

英国物理学家焦耳，专研能量与热力学问题，是热力学第一定律的奠基者，现在家家必备的冰箱就是根据他发现气体膨胀时周围温度会下降的现象而进一步研发出来的。焦耳从年轻时代就对周遭跟能量变化有关的现象极感好奇。有一件关于他的趣闻说，在蜜月旅行时，他和新婚的妻子去参观一个瀑布，瀑布非常壮观，奔泻而下的水柱中一直冒出沁凉的水气；流连忘返的他忽然想到一个问题，在好奇心的驱使下，他竟不顾娇妻而去找来一支温度计，仔细测量不同高度瀑布的水温，看看它们有什么变化。对一个正在度蜜月的人来说，这似乎有点煞风景，但焦耳发现热力学第一定律以及能量变化的诸多奥秘，跟他这种将好奇心付诸行动的作风显然有密切关系。

文艺复兴时期的达·芬奇被称为“历史上最富有好奇心的人”，但他得到这个封号，并不只因为他对自然和人世的一切都感到迷惑，有着“百科全书式”的好奇而已，更因为他以具体的行动来满足自己的好奇心。譬如，他对水文感到好奇，于是亲临洪水泛滥之地，站在高处画下一系列洪水奔流的动态画面。而为了了解人体这个“宇宙最后的机器与模型”，他更亲自解剖过三十具不同年龄的男女人体，并做了极细腻的描绘。有一次，他在佛罗伦萨的一家医院发现一个上百岁的人瑞，除了身体虚弱外，没有其他毛病，他对这个老人何以如此长寿感到好奇，便一心等候。当老人死亡后，达·芬奇在验尸时就顺便解剖他的尸体，仔细检查他的血管和内脏，看看有什么异于常人之处。这种因为好奇心而从事的探索，才是达·芬奇最重要的特质，也是他丰沛创造力的最大源头。

光说自己有好奇心是不够的。一个能让创意成真的人，不管他是十五岁还是五十岁，站在神秘的抽屉前，他都会伸出手，打开它看个究竟，证明他真的很好奇，而且有创造的渴望。

敏锐观察：世界地图与芭比娃娃

海金森说：“原创性无他，就是一对新鲜的眼睛。”要创造，得先看出新的可能性；而这个“看”，靠的就是新鲜的眼睛，敏锐的观察力。

魏格纳是德国的一位天文学家和气象学家，在第一次世界大战时入伍，因为受伤而住进医院，病房的墙上挂着一幅世界地图，他每天躺在病床上看着那幅地图，忽然看出了一个奇特的地方：南美洲东边的海岸线外凸，而和它隔着大西洋遥遥相对的非洲西边的海岸线则呈内凹，好像彼此有什么关联，更注意去观察，它们简直就像可以拼凑在一起的两张图块。为了满足好奇和解答心中的疑惑，魏格纳开始去寻找南美洲东岸和非洲西岸的地质资料，进一步发现海岸对应部分的地质特征也互相吻合，于是他提出一个大胆的想法：“南美洲和非洲曾经是连在一起的一块大陆，后来因某种原因而漂流分开。”并在一九一二年出版了《大陆与海洋的起源》一书，成了第一个提出“大陆漂移说”的科学家。在当时，这个大胆、令人匪夷所思的理论受到严厉的批评，但后来却被证明为真。魏格纳石破天惊的大发现，就是来自对一张世界地图的敏锐观察。

伽利略发现“钟摆定律”，也是来自敏锐的观察力。当他还在比萨大学求学时，某个星期天去参加教堂的礼拜仪式，看见教堂天花板上悬挂的吊灯在来回摆动，他看着看着，想到了一个问题，于是用自己的脉搏跳动作为测量时间的工具（当时尚未发明钟表），去观察吊灯的摆动。当讲道结束时，他得到了一个结论：无论摆动距离的长短，吊灯完成一次摆动所需的时间是一样的。回到宿舍后，他开始以屋里的吊灯做实验，在吊灯上以不同长度的线悬挂重物，用脉搏跳动测量摆动的时间，进一步证实他原先的想法，而提出有名的钟摆定律：“无论钟摆的幅度如何，完成一次摆荡的时间皆同。”这个新发现应用在很多方面，首先就是利用摆锤来制造精确的时钟。

现在在世界各地的百货公司都可以看到的芭比娃娃及其相关产品，是有史以来最成功的玩具产业，而这个玩具王国的建立，同样是来自一个年轻妈妈对女儿的细心观察。原来在二十世纪五十年代，美国加州一位名叫露丝·汉德勒的年轻妈妈，她像每个母亲一样，也买了各种玩具给她的女儿芭芭拉，但她注意到女儿和她的同伴虽然也喜欢一般的洋娃娃，却更喜欢用硬纸板做的少女图案和各种服饰、家具配件等来过家家，口中还念念有词，似乎沉迷在自己将来长大后的生活梦想中。露丝心中灵光一闪："为什么要让女孩子玩比她们年纪小的洋娃娃？为什么不将洋娃娃变成少女，让女孩子在游戏中梦想自己的未来？"

于是她请人设计了新的少女玩偶，穿戴的是具体而微的衣服、裙子、鞋子、太阳眼镜、项链、手环，这些配件都是活动的，方便穿戴和脱卸。露丝将"她"命名为"芭比娃娃"，纪念女儿芭芭拉带给她的灵感，然后交给她丈夫的公司去生产销售。在芭比娃娃广受欢迎后，露丝循着"让小女孩在游戏中梦想着自己未来"的思路，又推出芭比娃娃的男朋友——少男玩偶肯恩，然后，一个少女在成长过程中所可能碰到的各种事情和人物，也都一一成为相关的产品，终于像雪球般越滚越大，成为一个庞大的玩具产业。

每个人都有一对眼睛，也都随时在观察，但每个人看到的、想到的可能是不一样的东西。亚里士多德说："对一切万物，重要的不是看，而是怎么看！"一个能有所创新的人，通常是有一对新鲜眼睛和敏锐观察力的人，新鲜的眼睛意指在观察时能永远保持新奇感，而敏锐的观察力则是能见人所未见，而且还要能思人所未思，就像诺贝尔化学奖得主冉特乔奇所说：“发现是看到每个人都看到的东西，但却思考无人想到的东西。”

喜欢发问：只有牛顿问“为什么”

喜欢问“为什么”是好奇心的具体表现，也是创造力的试金石。为世人带来新发现、新发明的，都是喜欢问“为什么”的人。

“我漫无目的地在山野四处行走，为无法解释的事物寻求可能的答案。为什么贝壳会和一般只在海中可见的珊瑚、海草化石出现在杳无人迹的山上？为什么闪电的出现只需一刹那，而雷声的传达却需要一段时间，而且持续得更久？投石于水，为什么能激起层层涟漪？飞鸟为什么能在空中停留？这些让我感到迷惑的问题及不可思议的现象，一直引我深思。”

这是达·芬奇在他的笔记里留下的一段话。他似乎老是对自然和人世的一切感到好奇与迷惑，而一再问“为什么”，这跟他成为科学与艺术的“创造第一人”显然有直接的密切关系。也许有人会说，达·芬奇的这些“为什么”都有人加以回答了，现在已经很少有值得追问的“为什么”了。其实，在文明的发展过程中，不仅新问题会层出不穷，更有不少自盘古开天以来就存在的问题尚未被回答，甚至尚未被提出。就像巴鲁克所说：“成千上万的人看到苹果掉下来，但只有牛顿问为什么。”很多看似天经地义的现象，背后可能隐藏了莫大的玄机，只有深具原创性的人能够察觉，并加以质问。

牛顿之所以问：“苹果为什么会掉到地上，而不是掉到天上去？”并不是他被苹果击中头部才促发的灵感，而是好奇的他当时正在思考力学的问题，看到苹果从树上掉下来，就引发了一个力学上的“为什么”。但只有这个“为什么”并不足以形成完整的问题，为解答提供足够的讯息。照牛顿自己的说法，他很快又因看到天上的月亮而产生另一个问题：“月亮为什么不会掉下来，而一直高高挂在天上？”

就是将这两个“为什么”连接起来思考，而使他产生了万有引力的灵感：苹果为什么会掉到地上呢？可能是受到地球引力的影响；但月亮为什么不会也掉到地上呢？是不是它也有引力，而它的引力和地球的引力刚好达成某种奇妙的均衡，所以能在固定的轨道上绕行，不会掉到地球上来？

牛顿的例子告诉我们，一个有原创性的人通常不会只有一个“为什么”，而单单一个“为什么”往往也缺乏寻找答案的着力点。一个“为什么”总是会引来另一个“为什么”，在相关的领域里多问几个“为什么”和“为什么不”，就更能看清答案的所在。

如果你喜欢问“为什么”，你就会发现，一个问题的背后通常隐藏着更多的问题。日本的丰田汽车就发生过如下一个范例：某间工厂生产配件的机器突然故障停摆，经理召集工人讨论如何解决。经理问：“机器为什么忽然不动了呢？”有人回答因为保险丝断了。喜欢追根究底的经理又问：“那保险丝为什么会断呢？”因为超负荷造成电流过大。“又为什么会超负荷？”因为轴承干涩不够润滑。“那轴承为什么会不够润滑？”因为油泵吸不上润滑油。“油泵又为什么会吸不上润滑油？”因为抽油泵发生严重磨损。“那为什么抽油泵会严重磨损？”因为有铁屑混入。“为什么铁屑会混入？”因为油泵没有装过滤器。像这样，只有一再问“为什么”，才能找出问题的真正症结。如果不追本探源在油泵装过滤器，而只换保险丝，是无法一劳永逸解决问题的。

“知识的岛屿越大，好奇的海岸线就越长”，随之而来的疑问也就越多。每一个“为什么”都会引发另一个“为什么”或“为什么不”，它们都在等待想要发挥创意的人来加以回答。

乐于想象：科幻小说之父的第三只眼睛

想要有所创新，就必须先想象那“尚未存在”的东西。没有想象，就不可能有所创新，想象力可以说是创造者的第三只眼睛或灵魂的眼睛。

有人曾经向米开朗琪罗请教他雕刻的秘诀，米开朗琪罗说：“我在大理石里看到了天使，然后开始凿，直到将天使释放出来。”在雕刻之前，大理石里的天使其实“尚未存在”，米开朗琪罗的“看到”就是想象力，那是用“灵魂的眼睛”去看的。想象力不仅可以释放大理石里的天使，也可以释放一个人被监禁的创意。米开朗琪罗的想象力释放了被监禁在大理石里的天使，淋漓尽致地发挥了他的创意，而使他成为杰出的雕刻家。

创造者的想象力还可以化腐朽为神奇。毕加索有一天外出散步时，看到一辆破旧的脚踏车，他停下脚步，端详了一会儿，然后就动起手来，将脚踏车的坐垫和把手拆下来带回家，他将两个把手熔接在坐垫上，结果就成了一件很有创意的艺术品——一个牛头。毕加索在谈到他的艺术时曾说：“我画我想的东西，而不是我看到的东西。”他看到的是破旧的脚踏车，但想象的却是一个美丽的牛头，想象力成就了他的艺术。

但想象力最丰富的也许是有“科幻小说鼻祖”之称的法国小说家凡尔纳。活跃于十九世纪末的凡尔纳写过六十多部科幻、冒险小说，包括《气球上的五星期》《地心游记》《海底两万里》《格兰特船长的儿女》《神秘岛》《月亮上的人》《太阳系历险记》等，而最有名的就是《八十天环游地球》。但如果我们因此认为凡尔纳一定是个喜欢探险、到处走动的人，那就大错特错了，事实上，他大部分时间都足不出户，在摆满各类书籍和地图的书房里，凭着想象力每半年写一本小说。

凡尔纳对未来的想象相当惊人，譬如在《二八八九年一个美国新闻界巨子的一天》这篇小说里，纽约已改名为寰宇城，城里的公路宽一百米，两边都是一千米高的摩天大楼，成千上万辆的空中汽车在街道上空穿梭飞行。大家出门不必再担心天气，因为气候已完全由人工控管，而北极则成了全球最大的农业生产区。《寰宇先锋报》的记者，每天接收由木星、火星、金星传回来的讯息，人们足不出户，就可以通过影音传真和各地的亲友沟通，一览发生在宇宙中的大小事情……现代人对这种想象也许不会太陌生，但它却是凡尔纳在一八八九年就有的想象。

在十九世纪，凡尔纳的小说里就出现过如今已经成真的电视、飞机、潜水艇、霓虹灯、导弹、坦克等（他甚至预言美国的佛罗里达州将设立火箭发射站，发射飞往月球的火箭），在当时因为描述得栩栩如生、头头是道，以致许多学术团体都不得不讨论其可行性，而更重要的是他的想象激发了很多人的梦想和创意，譬如柏德在飞越北极成功返航后就说，凡尔纳是他“探险之旅的领航员”。发明潜水艇的莱克，自传里的第一句话是：“凡尔纳是我一生事业的总指导”。而法国的利奥台元帅还在国会里说：“现代科学只不过是将凡尔纳预言付诸实现的过程而已。”

隐居华尔登湖畔的梭罗说：“整个世界无非是我们想象力的画布。”整个世界，不管是有形的或无形的，其实都是来自我们的创造——想象力的创造。想要成为创造者，就要有丰富的想象力，而且乐于想象、敢于想象。

挑战权威：不怕被巨人踩死的伽利略

一个提出伟大创见的人，通常也是一个勇气十足的人，他勇于挑战权威，不怕像巨人的权威可能一脚踩死他。他甩掉站在他肩膀上的巨人，换他站到巨人的肩膀上。

牛顿曾说："如果我看得比别人远，那是因为我站在一个巨人的肩膀上。"但对多数人来说，把牛顿的话颠倒过来："如果我无法看得比别人远，那是因为有一个巨人站在我的肩膀上"，可能比较真确。

每个行业都有它的巨人，每个人的生命中也都有过各种权威，神明和老师就是我们在成长过程中常见的两个权威。

有很长一段时间，罗马教廷是西方社会最大的权威，"地球是宇宙的中心，太阳只是绕着地球旋转的行星"是其不容挑衅的教条之一，但一六三二年，伽利略却根据自己用望远镜观察太阳系星球的心得，出版《关于托勒密和哥白尼两大世界体系间的对话》，公开主张日心说，而且把教会的观点比喻为“愚人”，教皇乌尔班八世大为恼怒，认为伽利略犯了不可原谅的滔天大罪，要他公开认错。但伽利略没有屈服，结果他被判终身监禁，关进大牢里，《关于托勒密和哥白尼两大世界体系间的对话》也被列为禁书。后来伽利略获得减刑，重获自由的他，虽然体力与视力日益衰退，但他还是秘密地从事研究工作，最后得以完成他完整的日心说，并将书偷偷送到荷兰，以维也纳大学的名义出版。

所有的创新都必然会动摇旧有的秩序，也必然要挑战既存的权威，如果你没有挑战的勇气，那么权威就会像巨人般永远站在你的肩膀上，你只能以巨人的观点为观点，不敢吭声，因为你被压得根本抬不起头来。像伽利略这种能提出伟大创见的人，通常也是一个勇气十足的人，他勇于挑战权威，不怕巨人可能一脚踩死他，也许他必须付出一些代价，但最后他甩掉站在他肩膀上的巨人，换他站到巨人的肩膀上。

也因此，牛顿的那句名言其实有两种含意：一是他以前辈大师的伟大成就为基础来从事研究，所以能有比他们更好的成果；一是他的创见让他勇于指出权威或前辈大师的错误，在“太岁头上动了土”，换他站到巨人的肩膀上。

关于权威，爱因斯坦曾经语带调侃地说：“为了惩罚我对权威的不屑，命运使我成为权威。”的确，只有对既存权威感到不屑的人，才能超越他、取代他，但最后，他自己却成为新的权威和巨人，站到多数人的肩膀上。然后，等待下一轮具有开创性的人物来质疑他、超越他、取代他，换他们站到他的肩膀上。而这，就是创新，就是文明的进展。

拥抱混乱：广场上的两座标准钟

混乱而矛盾的存在让一般人六神无主，瘫痪他们的思考；但却让创造者眼睛发亮，更热情地去思考，因为创造者是从混乱中建立新秩序的人。

有一个旅人来到某个城市的广场，看到广场上竖立着两座标准钟，一座钟的时间指着十点五分，另一座钟指着十一点二十分。他好奇地问一个当地人："请问现在几点？"那人指着标准钟，说："你自己不会看钟？"旅人苦笑："但两座钟指的时间不一样呀！"当地人反而不解地说："如果两座钟指的时间一样，那我们何必放两座钟在这里呢？"

看了这个故事后，你是要站在旅人这一边？还是当地人那一边？多数人都会选择站在旅人这一边，觉得当地人的回答简直是莫名其妙。既然是时间，一个地方当然就只有一个标准，其他事情也一样，凡事若都能有一个单一而明确的标准，让大家有所依循，不必费心去思考、判断，这样就能减少很多无谓的纷扰。两座钟指的时间不一样，摆明了是想制造混乱、制造矛盾，不想定于一尊，多数人在面对这种情况时，都会变得无所适从，产生心理的混淆，甚至感到焦虑、痛苦，而恨不得将两座钟的时间调成一样。

但一个有创意的人却会喜欢当地人的回答："如果两座钟指的时间一样，那我们何必放两座钟在这里呢？"在思考与创造的领域里，这句话可以衍伸为："如果两个脑袋的想法都一样，那两个人何必有两个脑袋呢？"在职场则是："如果两个员工的想法都一样，那何必雇用两个员工呢？"广场上的两座钟，就好像人世间的两个人，上天给每个人一个属于他自己的脑袋，就是希望每个人都能有自己的想法，而且和别的脑袋的想法不一样。

唯一而正确的标准，唯一而正确的想法，已经越来越站不住脚。光在物理学的广场上曾出现过两座标准钟，一座钟说"光是粒子"，一座钟说"光是波"，这种混乱曾让不少人仿佛面临"物理末日"，但现在大家习惯了，反倒觉得这样才比较正确。而在兴建不久的量子广场上，更有各式各样的钟，每座钟上都贴着物理学家海森堡的至理名言"测不准"三个字。所谓"唯一而正确的标准"，其实只是一个虚构的幻象。

心理学家巴隆曾以一种类似罗夏测验的卡片，其中有整齐、对称的图形，也有杂乱、矛盾的图形，让被同行公认具原创性的科学家、艺术家和一般人（对照组）来挑选，结果发现，一般人最常挑选的是整齐、对称的图片，他们喜欢他们的世界显得有条理。但那些具原创性的科学家和艺术家却都喜欢选择混乱和矛盾的图片，因为他们觉得这些图片较具挑战性，而且较有趣。换句话说，他们对混乱、暧昧、分歧、矛盾存在情有独钟。

一个有创意的人不仅喜欢和别人有不一样的想法，自己的心中更经常会有混乱、暧昧、分歧、矛盾的数种想法，就好像在他心灵的广场上摆着好几座时间不一样的标准钟般。爱因斯坦的相对论就具有这种特色，它的一个通俗比喻是："当一个人从屋顶坠落时，他是同时处于'运动'与'静止'状态中。"如果你是站在地面上观察，那么那个人是处于"运动"状态；但如果你同他一样从屋顶坠落，则你看到的他是处于"静止"状态。而画家阿伯斯则说："我一直处在两个极端之间：喧哗的与静寂的、年老的与年轻的、春天与冬天，如果我能让白色与黑色一起作用，而不是只呈现其一，那我就觉得骄傲。"很显然，这种想将两种相反、矛盾的东西融为一体的企图，是很多艺术家和科学家在创造过程中共通的心思和努力。

尼采说："你的内心必须一片混乱，始能诞生一颗舞动的星。"所谓创造者，其实就是从混乱中建立新秩序的人，混乱而矛盾的存在会让一般人六神无主，瘫痪他们的思考；但却让创造者眼睛发亮，更热情地去思考。

兴趣广泛：达·芬奇的自体杂交

渊博的学识，可以让一个人自己进行“异花授粉”，产生比纠集好几个人进行科际整合或动脑会议更好的创意和效果。

达·芬奇、米开朗琪罗和拉斐尔被世人并称“文艺复兴三杰”，米开朗琪罗和拉斐尔的成就都只局限在绘画、雕刻方面，但达·芬奇不只是个优秀的画家、雕刻家，他还是个杰出的解剖学家、发明家、天文学家、植物学家、地质学家、水文学家、建筑师、军事武器家。这固然有可能是因为达·芬奇天生异禀、多才多艺，但更重要的也许是因为他兴趣广泛，很多领域都成为他涉猎的对象，而且都能有杰出的表现。

《达·芬奇：科学第一人》的作者怀特说：“对达·芬奇来说，地理学、人体解剖学、建筑学甚至纯数学都是密不可分，而且每一门学科都可以从其他学科训练的认知观点来加以检视。他有独特的能力，可以将不同学问的观念交融在一起。无与伦比的是，他可以从艺术家的眼界来看科学，以科学家的心智结构来想象艺术，并且以艺术家结合科学家的观点来思考建筑。”从某个角度来看，精通数门学科和专长的达·芬奇，可以自己进行“异花授粉”和“自体杂交”，而能产生比纠集好几个人进行科际整合或动脑会议更好的创意和效果。

很多深具原创性的大师也都具有这种特色，譬如结构主义之父克洛德·列维-斯特劳斯，早年在巴黎大学攻读哲学与法律，后来才转入人类学的领域，他知识渊博，曾将地质学、精神分析与社会主义称为他的“三位情妇”，对音乐与语言更有浓厚的个人兴趣，他拿古代神话和现代交响乐做比较，指出它们“结构上的类似性”，更是令人拍案叫绝。精神分析之父弗洛伊德对诗歌、戏剧、小说也都有浓厚的兴趣，而且是散文能手，他曾获歌德奖，这个奖颁给他，并非因为他对人类心理的精深研究，而是在奖励他对德国文学的贡献。他不只以精神分析来解析文学艺术，我们甚至可以说，他精神分析学说的灵感有一大部分是来自他喜爱的文学艺术。

科学家亦不遑多让，爱因斯坦在青年时代即研读康德和休谟的哲学，喜欢莎士比亚、歌德、狄更斯、陀思妥耶夫斯基等人的文学作品，更广为人知的是他对音乐的喜好，酷爱莫扎特和贝多芬的作品，而且是个优秀的小提琴演奏家。牛顿看似古板，其实他也擅长作诗；而伽利略不仅是个诗人，更是个文笔犀利的文评家；克普勒则不只是个天体物理学家，还是个相当优秀的音乐家。也许就像爱因斯坦所说：“音乐世界赋予我的直觉，对我的新发现有极大的帮助。”文学、艺术不只能陶冶性情，更能激发一个科学家的创造灵感。

密歇根州立大学的鲁特·伯尔尼斯坦教授曾经调查一百三十四位诺贝尔化学奖得主及美国科学家荣誉学会科学家的嗜好（美国科学家荣誉学会是个较严肃的科学团体，但其成员不见得有原创性），结果发现诺贝尔奖得主在实验室外也有杰出的表现，超过半数的人有最少一种的艺术休闲活动，几乎每个人都有一种特别嗜好，譬如下棋、收集昆虫等；四分之一的诺贝尔奖得主是音乐家，18%的人从事绘画等视觉艺术，写作和写诗的也不少；而美国科学家荣誉学会的会员，除科学外还有其他嗜好者不到1%。为什么会有这种差异呢？有一个可能是这些诺贝尔奖得主天赋好、多才多艺，而且游刃有余，所以在很多方面都能胜任愉快；另一个可能是业余的嗜好所提供的放松、消遣、想象和刺激，能促进专业方面的突破。

每个人都有他的主修或主业，行有余力，多学些别的知识或技能，多培养一些业余的嗜好或娱乐，如此“玩物”，显然具有“启智”的功效。

心灵开放：爱因斯坦为《心灵无线电》写序？

只有开放的心灵，才能接纳新事物，创造新事物。而开放心灵的最佳试金石是对自己不了解的事物绝不妄加论断、轻蔑、排斥。

当贝尔发明电话的消息通过电报传抵爱丁堡时，有人问知名的物理学家泰勒对这项新发明的看法，泰勒嗤之以鼻，说："那是骗人的，它在物理学上根本不可能。"另外，有人在法国科学院科学家的面前示范爱迪生所发明的留声机时，一位科学家居然冲上前去，拉着示范者的衣领说："卑鄙的家伙，我们不愿被这种腹语术所欺骗！"还有，当福特积极研发汽车，福特的律师劝密歇根储蓄银行总裁投资开设汽车工厂时，银行总裁一口回绝，说："马车会继续存在，汽车只是笑话一场的白日梦罢了！"诸如此类"骤下定论"的事件在过去一再发生，但不管你是冲动而愤怒地加以否定，或是盲目而热情地给予拥抱，通常都是思想褊窄的教条主义者。

二十世纪三十年代，住在普林斯顿的小说家辛克莱，发觉妻子玛丽具有神奇的能力，他和友人任意画一张图，在另一个房间的玛丽即能以心灵的力量捕捉这个影像，并将它画出来。两相比较，竟非常神似。辛克莱收集了一百五十多次实验的结果，写成一本叫作《心灵无线电》的书，请在普林斯顿大学任教的爱因斯坦写序（爱因斯坦和辛克莱是朋友，曾目睹辛克莱的若干实验），爱因斯坦欣然答应，他在序里说："本书所提出的谨慎而明白的心电感应实验结果，远远超出一个自然研究者所能想象的；但另一方面，像辛克莱这样一个具有良心的观察者与作家，要说他有意欺骗大众也是无法想象的，他的信用及可信赖度是无可置疑的……"言下之意，在"两个无法想象"之间，它成了难解的神秘。

二十世纪八十年代，著名科幻杂志《OMNI》采访约瑟夫森（一九七三年诺贝尔物理学奖得主，得奖时年仅三十三岁，而得奖依据是他在二十二岁时所做的有关"超导体"的突破性研究），话题从超导体谈到了超自然，记者问约瑟夫森："你相信一只北极熊跳入北极海中，会造成法国南部一辆火车的爆炸吗？"约瑟夫森回答说他"无法预期"这种事的发生，"但也没有人能排除这种可能性"。他不排除这种"可能性”，因为物理学里有一个“贝尔定理”认为，一个物理体系分裂为二后，在这些物理上属分离的体系间，仍然会存在着某种关联性。如果那只北极熊和法国南部的那辆火车，过去属于同一个体系的话，那北极熊的行为就有可能影响那辆火车，当然，目前还没有一个明确的模型来探讨这类的问题，但不能因此说它绝无可能。

约瑟夫森和爱因斯坦共通的地方是，在面对神秘、离奇、怪异的事件或说法时，他们不会妄下论断或不予置理，而是抱持一种好奇、开放的态度，期待自己或他人能做进一步的探索，解开谜团。这正是所有原创者共通的地方，只有在不排除任何可能性的情况下，你才能看到新的可能，带来新的突破。

笑骂由人：费曼说“你管别人怎么想！”

光有满脑子的怪点子、好创意，但却不敢将它付诸实现，甚至不敢说出口，那比什么都没有更糟糕。一个真正的创造者不仅要敢想，更要敢说、敢做，不在乎别人怎么想。

有一项调查显示，在问到“你认为公司里，缺乏创新的最大障碍是什么？”时，有35%说是“经营者缺乏动机”，12%说是“缺乏点子”，53%说是“因为害怕”。怕什么呢？除了怕创新的后果难测外，更怕自己提出来会受到批评、讪笑。“不知道别人会怎么想？”因为太在意别人可能的想法，怕被人家笑，结果就多一事不如少一事，继续维持现状。

诺贝尔物理学奖得主费曼，写了两本自传性质的书，一本叫《别闹了，费曼先生》，一本就叫《你管别人怎么想》，费曼从小就喜欢嬉笑胡闹，而且不在意别人的看法。他那一套三大本的物理学教科书《费曼物理讲义》，所附作者照片并非西装革履、望之俨然的学者派头，而是他狂击非洲康佳鼓，开怀大笑的镜头。而在领了诺贝尔奖，参加瑞典国王的晚宴时，看到国王和来宾频频握手的场面，居然向身旁的瑞典公主建议应该“设计出一部专供握手的机器来应付这种场面”。

费曼特立独行的趣事数不胜数，在他获得诺贝尔奖后，那些脱线行为都被解释成天才的纯真、不拘小节；但在他尚未成名前，却让很多人皱眉，认为那“形同小丑”。杰出的物理学家戴森还在康乃尔大学念研究所时，在写给父母的信中就这样提到费曼：“费曼是研究所里一位年纪很轻的美国教授，他半是天才，半是小丑。不过他的高亢活力显然影响了这里的物理学家跟学生，大伙儿都因为他的存在而过得特别快乐。最近我慢慢发现，他的内涵远非表面上看起来那样肤浅。”

被看成是“小丑”又有什么关系？只要你有真才实学，别人迟早会认识你那深邃的内涵。但首先，你要不在乎别人怎么想、不怕别人笑，这样你才能无所顾忌，以“高亢的活力”彻底释放你深邃的内涵。画家达利在参加第一届国际超现实主义艺术展时，主办单位为他安排了一场演讲，当他进入会场时，所有的人都吓了一大跳，因为他们看到的是一个穿了一件潜水衣，头上戴着用汽车散热气盖子做的头盔，手里还牵着两条俄罗斯猎犬的“怪物”。但上场没多久，他就因这身装扮而呼吸困难，当场昏倒。结果，一场演讲会竟变成了急救表演。

这就是达利。他一方面以极其严谨的态度从事创作，一方面却又如同很多评论者所说“不惜装模作样地摆出小丑的姿态以哗众取宠”，他那两撇夸张上翘、一做鬼脸就会和眉毛连在一起的胡子，还有每次演讲前招摇过市、滑稽可笑的脱线表演，几近厚颜无耻地坦承自己热爱金钱——“在工作一天后，只有收到一张巨额支票才能睡个好觉”，眉飞色舞地向记者描述他和妻子在床上的种种细节。绝大多数的人都会因此皱眉：“别人会怎么想？”但他却根本不在乎别人怎么想。当然有人说他这样做是为了“自我宣传”，但即使是自我宣传，也没有人像他这样“放得下”，他的不在乎别人说他是“小丑”，跟他对自己的创造力充满自信有很密切的关系。

说天才太沉重，说小丑太轻浮，只有不怕被人笑，不怕被人骂，不在乎别人怎么想，一个人才能将他的创意发挥得淋漓尽致。

幽默风趣：相对论和黑洞里的幽默

具有高度创造力的人，通常也都有相当的幽默感。因为幽默感越高，越能让人做复杂而弹性的思考；反之，思考越复杂、越有弹性的人，也越富有幽默感。

话说有一个人震慑于相对论之名，又对它充满好奇，某次巧遇爱因斯坦，就当面请教他相对论是什么东西？爱因斯坦幽默地回答说："当你和一个漂亮的女孩子坐在一起两小时，感觉就好像只有两分钟；但如果你坐在火炉上两分钟，感觉却好像有两个小时，这就是相对论。"要用三言两语对一般人解释专门而深奥的相对论，当然是非常困难，但爱因斯坦也不会拒人于千里之外，他用一个活泼而且有点好玩的比喻来做说明，"虽不中亦不远矣"，反正大概就是那个意思。

爱因斯坦是个幽默的人，当然不像"物理顽童"费曼那样特立独行，而是温和的，仿佛看透人间百态、宇宙万象后的轻松和洒脱。有一次，一个小女孩写信给他，说她以为他死了，对他还活在人间一事表示惊讶，爱因斯坦认真回了信，只是在信里温和而幽默地说："对不起，我还活着。但我想一定有什么法子可以补救。"这就是典型的爱因斯坦幽默，在深邃的时空里，一声轻轻的笑。

黑洞理论也许比相对论更深奥难解，有人问提出黑洞理论的惠勒："如果黑洞是黑的，你怎么能看到它，知道它的存在呢？"惠勒幽默地回答说："你曾经参加过舞会吗？你也许看过穿着黑色礼服的男孩和身穿白色舞衣的女孩，手挽着手在舞池里翩翩起舞。然后灯光突然变暗了，他们继续跳舞，而你这时候只能看到穿白衣的女孩。女孩子就好像正常的恒星，而男孩子就是黑洞。你虽然看不到男孩子，更看不到黑洞，但是女孩子一直在舞动的身体使你坚信，有一种力量将她维持在轨道上运转。"

惠勒也是个幽默的物理学家，他这样的比喻和爱因斯坦对相对论的回答有颇多神似之处。相对论和黑洞都是何等严肃的科学议题，但一个把它说成是"和女孩子聊天"，另一个则把它说成是"和女孩子跳舞"，没有深厚的功力是无法达到这样的幽默境界的。

"黑洞并不黑，"另一个黑洞理论专家霍金说，因为黑洞也在辐射，但要在黑洞里寻找光，“就好像在煤炭仓库里找一只黑猫。”在说明虫洞（一种黑洞）旅行时，他也提到一位“小姐”，那是在新版《时间简史》里，他所写的一首打油诗：“有位年轻的白小姐，走得比光还快，她用相对的方式，在今天刚刚出发，却已于前晚抵达。”

霍金被公认是继爱因斯坦之后最杰出的理论物理学家，他虽然因罹患重症而需终日与轮椅为伍，连翻书和说话都非常困难，但却非常风趣幽默，在阐释高深物理的科普著作《时间简史》畅销全球后，他还幽默地说：“我的物理着作居然比麦当娜的写真集更畅销。”并为此感到相当欣慰。

从某个角度来看，幽默似乎代表一种思想境界，境界越高就越显幽默；但从另一个角度来看，幽默似乎也是一种思想或人格特质，因为幽默能使一个人的思想更灵活、有趣、开通、具弹性，而这正是创造所必需。很显然，爱因斯坦、惠勒和霍金不是因为他们提出了相对论或黑洞论，成为大师后才变得轻松和幽默的，而是因为他们原本就是轻松、幽默、思想灵活而有趣的人，所以才能提出相对论或黑洞论。

近乎疯狂：乔布斯的使命必达

一个真正的创新者通常是有点疯狂的，因为唯有疯狂到自认为可以改变世界的人，才真的改变了世界。

一九九七年，重返苹果电脑的乔布斯为了推出新产品iMac，拍了一支电视广告“不同凡想”。广告内容是交错出现爱因斯坦、毕加索、希区柯克、伯恩巴克、列侬、葛兰姆等十多位创意名人的黑白画面，配上一个中年男子的沧桑旁白：“这些人是一群疯子——不适应者、叛逆者、麻烦制造者、硬要穿过方洞的圆木桩，他们看世界就是与众不同，他们对规则毫无兴趣，对现状一无尊敬。你可以引述或反对他们、尊荣或诋毁他们，但你唯一不能做的，就是忽视他们。因为他们改变了世界，推着人类往前迈进。当某些人将他们视为疯子时，我们却认为他们是天才，因为唯有疯狂到自认为可以改变世界的人，才真的改变了世界。”

一向睥睨众生、不可方物的乔布斯，在观看试片时，竟当场流下了感伤的眼泪，因为那几乎就是他个人生命的写照。他在二十一岁时和沃兹尼亚克在车库里创立了苹果电脑公司，“我要改变世界”正是他当年经常挂在嘴边的疯狂愿望。但后来他却因脾气暴躁、狂妄自大、横行霸道，被认为是公司最大的不适应者、叛逆者、麻烦制造者，而在一九八五年被董事会踢出了他一手创建的苹果电脑。随后，他自创品牌的NeXT电脑一败涂地，投资皮克斯动画公司也不被看好，但他想改变世界的心志不变，就在世人要将他遗忘时，皮克斯的《玩具总动员》电脑动画忽然一炮而红，为他赚进了三亿多美元。然后，乔布斯重返已经奄奄一息的苹果电脑，在短短几年内，就靠着极有创意的、结合电脑、音乐、手机与美学的i系列产品，领导与创新个人电脑市场，以行动向世人证明，他这个疯子、不适应者、叛逆者、麻烦制造者，虽然大起大落，但到最后，由于他的大胆妄为或者说意志坚定，他并没有被世界所改变，而是他真的改变了世界。

当然，苹果电脑的成功还有其他因素，但主事者乔布斯能有一个近乎疯狂的愿望，而且热情不减、意志坚定地向前行，的确是提供动力的火车头。

辛勤工作：音乐家看天文望远镜

爱迪生说：“所谓创造，是灵感加上一大堆琐事。”要让创意成真，不只需要灵感，更需要有解决接着而来的一大堆琐事的勤勉、耐心和毅力。

一七九二年，当时欧洲最有名的作曲家海顿第二次到伦敦访问，在六月的某个晚上，知名的天文学家赫歇尔邀请他用望远镜观赏太空。海顿和这位发现天王星的天文学家相谈甚欢，当晚，他在日记里写道：“有时候，赫歇尔必须在寒冷的冬夜，坐在敞开的天空下工作五六个小时。”海顿会这样说，因为他为了作曲，也每天工作五六个小时甚至更长的时间。海顿的创作是属于“慢工出细活”型的，要完成二十分钟的交响乐，需要一个月的时间；而要完成一百分钟的神剧，历时更长达将近两年。他对科学家为了有新发现，每天也要辛苦工作那么长的时间可以说“心有戚戚焉”，所以会在日记里特别写下那段话。

其实，大多数的创造者也都是勤奋的工作者。莫扎特被称为“音乐神童”，大家觉得他的才华是来自上天的恩宠，似乎只要他信手拈来，就是高人一等的杰作，当然，莫扎特的作曲是要比海顿来得快速，但也非一般人想象的那样轻松。除了从三岁起就受到父亲严格的训练外，莫扎特自己说：“人们总认为我的艺术得来全不费功夫，实际上，没有人会像我一样花这么多时间和思考来从事作曲；没有一位名家的作品我不是辛勤地研究了许多次。”而另一位乐坛巨星贝多芬，除了演练名家的曲目外，他还一一用手抄写他们的乐谱；在作曲时，他也是拟出各种可能的蓝本，一改再改。

科学家的数学就好比音乐家的钢琴，心理学家迈克·侯威在《天才的奥秘》里说，年轻时代的牛顿为了理解笛卡尔的《几何》，“展现惊人的顽强，坚持面对困难……不断努力尝试，靠自己阅读，虽然每次只能弄懂两三页，他毫不气馁，继续钻研三四页直至遇到挫折，然后再度开始，慢慢推进。就这样持续不辍，直到自己精通整本书。”而有“科学顽童”之称的物理大师费曼，更是从小学开始就自己到图书馆借《实用代数》《实用三角》《实用微积分》等书，回家自行演练。科学家的演练数学，一如音乐家的演练钢琴，出神入化之道无他，就是勤勉二字。

天下没有白吃的午餐，也没有不需准备的盛宴，坐上盛宴的原创者都是有了十足准备的人，而他们提供给世人的盛宴，同样来自辛勤的工作。牛顿在写《自然哲学的数学原理》时，一天经常工作十六个小时，废寝忘食，与世隔绝。罗素在写《数学原理》时，也是每天写作十到十二小时，全心投入。米开朗琪罗的雕刻和绘画作品，都让人忍不住发出赞叹之声，但米开朗琪罗自己说："如果人们知道我工作有多努力，对于我的作品就不会那么赞叹惊奇了。"

也许是为了让人"赞叹惊奇"，编故事的人往往只强调创造者如何"灵光一闪"，却省略了他们的辛勤工作，但真正让人赞叹惊奇的其实就是他们那种全心投入、废寝忘食的工作态度。

追求完美：从海明威、乔布斯到刘谦

很多创造者之所以能出类拔萃，除了注重创新外，更注重完美，对每一个细节都要求能做到尽善美。

前些年，刘谦成了红遍中国与日本、最具国际知名度的台湾魔术师，他的广受欢迎，除了以创新而精湛的手法来呈现古老的魔术，让人耳目一新外，潇洒的台风、风趣的谈吐更让观众多了好几分亲切感。有人羡慕他在舞台上的风光，刘谦则有感而发："上台表演是最轻松的，无数次在台下的苦练，有谁能看得到。"所谓"台上一分钟，台下十年功"，他一再苦练，练到每个细节都达到他认为完美的境界，然后才上台，将它们轻松而潇洒地呈现在观众面前。

刘谦能在众多的魔术师里出类拔萃，跟他的工作态度和信念有密切关系，他在接受访问时说："我对自己的要求，我相信永远是跟别人不一样的，我一旦决定要做这个行业，我一定要做到顶尖，那我又相信，如果你要做到顶尖，你就必须要异于常人，你要跟别人不一样，不光是你做事情要不一样，你的想法，你的观念，你的基础的态度都要完全不一样，你才可以做到顶尖，否则你就会变成跟一般人一样。”这种“不一样”的要求表现在两方面，一是表演的魔术必须跟过去、别人不一样，在材料或手法上要有所创新；二是魔术本身，还有谈吐、台风都要力求完美。为了出神入化，他可以废寝忘食地练习同一个动作，譬如早年为了将一个铁环漂亮地套进另一个铁环中，他连续两天两夜没睡觉，一再地练习，直到自觉满意为止。

小说家海明威外表粗犷豪迈，创作的小说简洁有力，看起来应该是“新速实简”派，其实，他是一个非常有耐心的“修正主义”和“完美主义”者。小说的手稿完成后，从头到尾先改一遍；请人家打完字后，在打字稿上又改一遍；排版清样出来后，再改一遍；他说这三次大修改是好小说的必要条件。他的长篇小说《永别了，武器》初稿写了六个月，修改则花了五个月，清样出来后还再改，最后一页一共改了三十九次。《丧钟为谁而鸣》的创作花了十七个月，脱稿后天天修改，清样出来后，连续修改九十六小时，整整四天都没有离开房间。为什么改个不停？当然也是为了追求完美。

苹果公司联合创始人乔布斯虽然狂妄自大、横行霸道，但对产品却极端要求完美，不仅注重创新，更注重完美，除了功能要新要好外，产品的视觉和触感也都要符合美学的要求，所有的线条、形状、颜色和亮度都要尽善尽美，连电脑里面线路的安排也要赏心悦目。有好几次产品已经送来了，但乔布斯发现有些细节不尽理想，还可以改进，于是说停就停，宁可花大笔钱重新来过，也不愿让客户买到的是次级品。在员工和合作厂商间，他更拥有“地狱来的老板”之恶名，因为他总是用“这就是你能做到最好的吗？”来质问和要求对方。而由他亲自出马的产品发表会，也都经过仔细推敲和演练，有位《时代》杂志的记者就说，在为推出彩色 iMac 发布会排练时，乔布斯为了让新产品看起来更耀眼，而一再重试打亮灯光的时机，找出最好的时间点。

有人也许会说：“早一秒或晚一秒打灯光，又有什么差别？一本十几万字的小说，多改十几个字又有什么差别？”就是因为这样想，慢慢就“大而化之”，养成了不注重细节、马马虎虎的习惯，那就跟大家一样了。出类拔萃的创造者之所以跟大家不一样，因为他们一直在追求完美，一路走来，始终如一。

敢于冒险：费曼的怀表，巴斯德的吸管

“除非你同意长时间看不到海岸线，否则你不可能发现新大陆。”熟悉的海岸线令人感到安稳，但要发现新大陆，你就必须远离安稳，有胆识在未知的大海里从事冒险。

诺贝尔物理学奖得主费曼还是普林斯顿大学的研究生时，第一次去见他的指导教授惠勒，后来成为黑洞专家的惠勒开门见山地说，他们每周只能见几次面、每次讨论只能有多少时间，然后拿出一个贵重的怀表放到桌上开始计时，摆明了他不想浪费太多时间在这个学生身上。第二次见面，当惠勒又拿出怀表时，费曼也从口袋里拿出一个刚买的便宜怀表，郑重其事地摆在惠勒贵重怀表的旁边，表示他的表虽然是便宜货，但他的时间也和惠勒一样宝贵。惠勒看了，了解其中的意思，不禁哈哈大笑，两人后来竟因此而成为好友。

费曼的这个举动虽然有几分幽默，但却相当大胆。其实，

应该说很有“胆识”才对，因为他勇敢地表达了他认为对的想法——每个人的时间都一样宝贵，即使你是教授，你也不能贬低我和我时间的价值。对一般人来说，费曼的行为相当冒险，因为它打破了师生互动的惯常模式，我们不知道对方是否会震怒或有其他反应，那就意味着后果难测、令人不安。但这种胆识和冒险，却也是创造者所必须具备的，因为所有的创新都是在打破旧有的规范或窠臼，告别熟悉，进入前所未有的不测之境。

小说家纪德说：“除非你同意长时间看不到海岸线，否则你不可能发现新大陆。”熟悉的海岸线令人感到安全、稳当，但要发现新大陆、实现新创意，你就必须远离安稳，有胆识在未知的大海里从事冒险。哥伦布之所以能发现美洲，就是来自他的胆识和冒险。没有胆识，就不可能挑战旧观念、旧秩序；没有冒险，就不会有新发现。

有人说一部科学发展史，就是一部科学冒险史，要有新的突破，靠的不只是创意思考而已，更要有具体的行动，而这些行动很多都充满了危险性。譬如诺贝尔为了研发更好、更安全的炸药，在实验过程中，曾发生工厂爆炸、亲人丧生的不幸事件，政府不准他重建工厂，也禁止他在离市区五千米内做炸药实验，但他不死心，改到湖上的一艘驳船上继续做实验，其他船只都吓得不准他太靠近，而使他不得不经常改变停泊位置。如果诺贝尔没有这种天天与可怕的炸药为伍、无畏的冒险精神，他怎么可能发明安全炸药?

当巴斯德决定投入对抗狂犬病的战役时，他也有几次果敢地采取冒险行动。一次是在对一只患狂犬病的疯狗进行实验时，为了取得病菌，巴斯德的两名助手按住狂乱挣扎的疯狗，而他则乘机将一支玻璃管伸进狗的嘴巴里，自己用嘴吸出几滴极毒的唾液，以作为实验之用。在场的人都替他捏一把冷汗，说那是“巴斯德生命中最千钧一发的一刻”。就是因为有这样的冒险，而使他在进一步实验后，找到了让病菌毒性减弱的“人工减毒法”，并且在狗的身上试验，证实毒性减弱的疫苗可以预防狂犬病，但基于医学伦理，他不敢轻易在人身上试验。有一天，一位母亲带着被疯狗严重咬伤的孩子来求助，巴斯德知道如果将疫苗打在病人身上，不是救了病人就是加速病人的死亡，他面临艰难的抉择，最后决定冒险赌一赌，将疫苗接种到孩子身上，结果病童奇迹地康复，用于人类的狂犬病疫苗也于焉诞生。

要想有所创新，就必须勇于离开熟悉的一切，包括教条、旧习、成规等，乐于探索未知、接受挑战。

边缘角色：犹太人为什么特别有创造力？

有时候，具有某些边缘性，会有助于创意的激发，就像冯内果所说：“我要尽可能地站到边缘处，因为在边缘你可以看到各种你站在中间看不到的东西。”

美国小说家冯内果以科幻的方式来呈现他在这个尘世生活的种种感触，虽然是黑色幽默式的诡异奇想，但却也是现实人生的投影。为什么要选择科幻小说的方式呢？他说那是为了“将镜头移到外太空”，从遥远的边陲地带来观看发生在地球上的种种。这样的角度的确给我们不少新奇的感受。

边缘有两种含意，一是“边缘地带”，每个学科或领域都有它的边缘地带，所有的边缘地带都意味着陌生、神秘、未开发，而且有点危险，但却是一个想要创新、开疆拓土的人一展身手的好地方，因为在这里总是会有一些令人惊喜的新发现。譬如在生物学这个领域里，蜜蜂飞舞的姿势是一个非常边缘的问题，但德国的弗里希教授在多年的观察和研究后，却发现“舞姿”其实就是蜜蜂的“语言”，它们借不同的舞姿告诉同伴哪个方位、距离多远的地方有花粉可采。弗里希就因为这项研究而获得诺贝尔奖。

边缘的另一个含意是“边缘人”，它是相对于“核心主流人士”而言。库恩在《科学革命的结构》里指出，为每个科学领域带来重大突破与创新的通常是年轻或从别的领域踏进该学科不久，也就是刚刚要从“边缘往中心移动”或是处于“两个学科交界的边缘地带”人士，譬如克里克在（与沃森）发现DNA双螺旋体结构时，还是剑桥大学的“研究生”身份，连博士学位都没拿到。获得诺贝尔奖后，他又从遗传基因学“转进”脑神经生理学，提出“做梦是为了遗忘”的理论：人在入睡后由脑干发出讯息清扫神经通道，梦境是前脑对神经通道上“乱舞尘埃”的最后一瞥。相较于过去的各种梦理论，这的确是一种别出心裁的说法。

另一种“边缘人”则是心态上的，散居世界各地的犹太人就是一个最好的例子。犹太人有他们自己的宗教信仰、历史文化、风俗习惯，经常受到他们所置身的主流社会的排挤，可以说是永远的“边缘人”。人类文明的各个领域，很多开创性的人物像耶稣、爱因斯坦、弗洛伊德、马克思、伯格森、海涅、卡夫卡、斯皮尔伯格等都是犹太人，就人口比例来说，具高度创造力的犹太人显然高于其他民族，究其原因，除了犹太人注重家庭教育、注重学习，还有“想要探寻主宰宇宙力量的法则，希望建立一个有秩序及和谐宇宙”的民族意念外，他们在主流社会里的“边缘性”也是一个很重要的因素。爱因斯坦就说：“（纳粹）认为犹太人是无法被同化的一群人，他们不可能毫无异议地接受任何事情……犹太人威胁到纳粹的威权。”这种不屈服于主流威权的性格特质让犹太人受到迫害，但也让他们不人云亦云，而能够有自己的独立见解。

对“身为一个犹太人”带给他知性生活的影响，弗洛伊德在他的自传里曾有如下的告白：“我初入大学之门时，即感到颇为失望。最失望的是，大家要我自觉是一个不如人的异族，只因为我是犹太人……我忍受大学社会对我的排挤，但没有太多遗憾，我坚信一个积极努力的人，不至于无法在人文的殿堂里找到立足之地。刚进大学的这些印象，有一个结果我到后来才知道相当重要：我在早年就习惯了站在反对立场，以及受所谓‘压倒性多数’禁制的命运，因此也建立了某种程度的独立判断力。”很显然的，这种边缘性使他更加努力，在思考问题时免于成见的束缚，也有勇气不必顾及压倒性多数的同意，而提出自己的新创见。

其实，只要不随多数人起舞，勇于提出自己的观点，就具有某种边缘性。这种边缘性也是多数创造者共同的特征之一，因为他们都是少数，都是旧有的主流形式的反对者。

不理俗务：五盒巧克力和破大衣

很多天才型的创造者都被描述成“怪人”，言行举止异于常人。但他们之所以让人觉得“怪”，其实是因为他们所看重的东西跟一般人不一样。

出身匈牙利的艾狄胥，是世界一流的数学家，发表过的论文超过一千篇。但他没有结婚，甚至是个没有家的人。有一次，他又到某位数学家家中做客，在送他离去时，那位数学家对艾狄胥说：“我太太在抱怨，说您二十五年来经常到我家吃饭，但却从来没有带个花或买盒巧克力当礼物。”艾狄胥听了，先是一愣，然后立刻对这位数学家说：“那么就拜托你替我买五盒巧克力，送给你太太。”

很多天才型的创造者都被描述成“怪人”，言行举止异于常人。艾狄胥就是这样的一个怪人，对他来说唯一重要的事情就是数学的抽象思维，其他事情他都懒得理会，但也许正因为这样，而使他成为二十世纪最多产、也最有创意的数学家之一。

伟大的创造者之所以让人觉得“怪”，其实是他们所看重的东西跟一般人不一样，譬如爱因斯坦似乎就不太注重仪容，经常满头乱发，套着一件旧毛衣。有一次他没穿袜子就去参加一个高尚的社交聚会，众人为之侧目，但他却若无其事地说：“我的袜子破了，我太太正在修补它们。”另有一个故事说，爱因斯坦初到纽约时，穿着一件破旧的大衣，一个朋友好意劝他应该穿得体面一点，爱因斯坦说：“那有什么关系，反正在纽约没有人认识我。”过了好一阵子，两人再度见面，爱因斯坦还是穿着那件破大衣，朋友见了又旧话重提，爱因斯坦说：“那有什么关系，反正在纽约大家已经认识我。”

爱因斯坦不注重外表，并不是要大家转而注意他的内涵，事实上，他很少理会自己给别人什么观感。在这个尘世，他最感兴趣，觉得最有意义的事情是他对宇宙奥秘的思考和探索；出门穿什么衣服，见到人要如何礼貌交谈等繁文缛节，对他来说不仅微不足道，而且让他感到厌烦。

爱迪生在生活上也是一个大而化之，甚至可说是有点粗鄙的人，他曾说：“我使用身体，只是为了把我的头搬来搬去。”重要的是他的头、他的思考，其他一切都只要能让他的头移动，继续思考就好。他在工作时，喜欢吸雪茄、嚼烟草来提神，但却随地乱丢烟蒂、乱吐烟草汁，既不卫生又不雅观，但他一点也不在乎。

每个伟大的创造者，都以不同的方式来表现他们对某些事情的不在乎。爱迪生非常钦佩的科学家法拉第，他生活的年代正是法国大革命的骚乱时期，但他却心无旁骛地专注于他的电学研究，对那个大家关注的热门政治话题几乎不闻不问。在留存下来的四百多封信件里，他不曾提及跟法国大革命有关的任何问题。而有一则关于元素周期表发现者门捷列夫的故事则说：一位客人上门拜访门捷列夫，喋喋不休讲个不停，但门捷列夫都没搭腔，客人不好意思地说："我让你感到厌烦吗？"门捷列夫客气地回答说："不会！不会！请你继续讲。你不会妨碍到我，因为我一直在想自己的事情。"

这种不在乎、不予理会，其实也就是心理学家迈克·侯威所说的，每个伟大的创造者都具有的"保护壳"，保护他免于受到外界的干扰、世俗的羁绊，而能集中心力在他认为更有价值的创新活动上。

合而不同：要孤独，也要合群

一个伟大的创造者能够孤独，不畏寂寞地倾听自己内在的声音；但也能够合群，与他人及世界站在一起。

弗洛伊德表示，他是在“美妙的孤绝”状态下，形成他精神分析学说的主要观念，他说：“在思想的领域里，重大的决定、伟大的发现、问题的解答，都只有在个人孤独工作时才有可能。”而爱因斯坦当年也是在伯尔尼专利局附近，一盏远离物理社群的孤灯下，完成他的相对论的；在成为世界级大师后，他还是说：“我是一匹独缰的马，没有办法和其他的马拴在一起工作。”毕加索虽然创作丰繁，但他在画画时却不喜欢有别人在场（其实，这也是绝大多数艺术家的共同点），毕加索也说：“没有伟大的孤独，就没有一件严肃的工作是可能的。”

很多伟大的创造者都喜欢独处，而且强调孤独的重要性。从某个角度来看，创造本来就是孤独的，每个创造者都是“独力完成”他们的创作，没有人在旁边协助、提供意见或鼓掌。但这并不表示创造者要永远处于孤独状态，事实上，弗洛伊德在他所谓的“美妙孤绝”阶段，还是有一位知心的好友——远在柏林的耳鼻喉科医生弗里斯，弗洛伊德和他通信频繁，在信中一再提及他的摸索与困顿、信念与怀疑、兴奋与挫折，弗里斯成了他在这段时间重要的精神支柱。在出版《梦的解析》后，不少年轻学者慕名来到维也纳，弗洛伊德因而在他家里成立了“周三心理会”，每个星期三晚上和与会人士定期讨论精神分析的各种问题，会员人数曾高达二三十人。一九一〇年，更在纽伦堡成立国际精神分析学会，把精神分析当作一种社会运动、一个跨国企业来经营。

爱因斯坦在他提出狭义相对论的两三年前，虽然在伯尔尼专利局过着看似离群索居的生活，但他也和几个年轻朋友成立了类似读书会或沙龙的“奥林匹亚学院”，不定期聚会，交换对各种哲学、文学、艺术、科学的意见，爱因斯坦还是当时的“院长”。而毕加索在尚未到巴黎的青年时代，就经常和一些年轻的艺术家、诗人在巴塞罗那的“四只猫咖啡馆”高谈阔论，而且还成为圈内的领导人物。这种癖好在他到巴黎的塞纳河畔后，并没有太大的改变。

没有一个创造者是处于绝对孤独的状态，如果他与世隔绝，那世人不仅无法得知他那非凡的观念和作品，他也会因缺乏与他人的交流、激荡、刺激，而变得孤陋寡闻、创意枯竭。我们应该说，创造者是在必须孤独的时候能够孤独，在应该合群的时候能够合群的人。

存在主义作家加缪，在《约拿斯或画家在工作中》这篇小说里说，有一位画家原本喜欢安静，对周遭的人和事只保持和蔼可亲的微笑，他不问世事，专心绘画。在成名后，大批的朋友、崇拜者和门徒蜂拥而至，他的家变得像菜市场般热闹，他和他们讨论各种问题而无法专心绘画。最后，他的声望盛极而衰，他想重新出发，渴望再创造出伟大而崭新的作品，于是他躲到阁楼上工作，不受别人打扰。他不眠不休地辛勤工作，几天后昏迷在阁楼上。朋友发现他辛勤工作的画布上空空如也，只在中心处用很小的字母写了一个字，但不太能确定是 solitary（孤独的），还是 solidary（合群的）。

加缪用高明的象征手法告诉我们：要成为一个伟大的创造者，孤独与合群是缺一不可的。什么时候应该孤独，不畏寂寞地倾听自己内在的声音；什么时候应该合群，与他人及世界站在一起；而且如何让这两者能相辅相成，考验着每一个准创造者的智慧。

思想飞跃：宇宙学家是哈姆雷特的传人

霍金的身体被禁锢在轮椅上，但他的思想却穿越时间与空间，飞翔到宇宙的尽头，遨游于宇宙的各个角落。

很多人以为，艺术家、诗人和小说家的想象力最丰富，这大概是因为我们比较容易从他们的创作里看出想象的痕迹，其实，科学家，特别是数学家和理论物理学家可能需要比艺术家更多的想象力。希尔伯特是世界知名的德国数学家，在一次聊天时，有人问起他以前的一位学生，希尔伯特说："对作为一个数学家来说，他没有足够的想象力，后来他改行当诗人，现在是个很不错的诗人。"这听起来似乎是数学家太过抬举自己，但知名的法国小说家雨果却也说："科学到了最后，就遇上了想象，在圆锥曲线中、在对数中、在概率计算中、在微积分计算中、在声波计算中、在运用于几何的代数中，想象都是计算的系数，于是数学也就成了诗。"

很多数学的想象的确是比写诗来得艰难。

物理学亦不遑多让。量子力学不说，光是宇宙诞生的大爆炸、超弦理论、黑洞、白洞等，没有丰富的想象力是无法提出也难以理解的。爱因斯坦在思考时间与空间的问题时，也曾想象自己骑在一条光线上的景象，他还因自己的想象而自比为艺术家，他说："我是一个靠想象力自由作画的艺术家。想象力比知识重要，知识有限，想象力环绕全世界。"

宇宙学家斯蒂芬·霍金可能是当今想象力最丰富的科学家，他被誉为是"继爱因斯坦之后最杰出的理论物理学家"，是有关黑洞、超弦、多维宇宙等理论的全球权威。他尝试完成爱因斯坦未了的心愿，也就是用一个更新、更基本的理论——超弦理论来统合广义相对论和量子力学，这个理论进展神速，随之而来的P膜、M理论、十一维宇宙等，都将人类抛入难以想象的奇幻异境里。而在这场宇宙的心智大探险中，霍金一直是主角。在最近的新著《果壳中的宇宙》里，霍金更指出宇宙是在奇点之前（虚时间），由一个像果壳状的瞬子演化而来，果壳上的量子皱纹包含了宇宙中所有结构的密码……

《果壳中的宇宙》书名来自莎士比亚《哈姆雷特》中哈姆雷特王子的一句话："即便把我关在果壳里，我仍然自以为是无限空间之王！”它其实亦是霍金生命的写照。众所周知，霍金在还是剑桥大学研究生的时候，就不幸得了“肌萎缩侧索硬化”（一种运动神经元疾病），而全身肌肉萎缩、扭曲、瘫痪，被禁锢在轮椅上，后来更失去说话能力，只能靠语音合成器与人交谈，看书也必须依赖一种能翻书页的机器。他曾因此而灰心丧气、酗酒沉沦，但后来总算又重新振作起来，幸好他专攻的是理论物理，不需要太多身体活动，于是他将他丰富的想象力和缜密的思维指向茫茫的宇宙。虽然他的身体被禁锢在轮椅上，但他的思想却穿越时间与空间，飞翔到宇宙的尽头、遨游于宇宙的各个角落。就像他自己所说：“我发现宇宙学非常能激动人心，它就像星际旅行，勇敢地向未被征服的领域前进。我能够在脑海中探索黑洞，进入宇宙最遥远的地方。”

如果霍金不是被禁锢在轮椅上，他能从一个果壳里看到或想象出整个宇宙吗？这个问题也许难以回答，不过有一点可以确定的是，他的确比别人将更多时间用在想象和思考上头。一个伟大的创造者需要的不是禁锢，而是花更多时间去想象和思考。

两种动机：牛顿在海边捡起的贝壳

创造需要动机，动机有很多种，强烈的内在动机辅以适量的外在动机，对创造力的发挥具有最大的催化作用。

对于自己那些伟大的发现和创见，牛顿曾说过下面这段话："我不知道我能呈现给世界什么，但就我个人而言，我感觉我仅仅像是在海边游玩的一个小孩，广大而未被发现的真理海洋就在我面前，我不过是时而找些比较平滑的石子或较漂亮的贝壳自娱而已。"

言下之意，他像一个好奇而喜欢玩耍的小孩，他对万有引力、物体运动与数学等的思索，只是一种娱乐自己的活动，而这种自娱却成了让世人钦佩的伟大创造活动。不过恐怕较少人知道牛顿也花了很多工夫研究炼金术，想将其他金属转变成黄金，还为此写了几千页的研究报告，结果一事无成。但他研究炼金术并非为了"自娱"，而是因为好心的有力人士安排他出任一个薪水优渥的闲差事——大英帝国铸币厂厂长，原本希望他能更专心、自在地从事他的科学探索，但牛顿不想尸位素餐，他基于铸币厂厂长的职责，遂转而去研究炼金术。

如果牛顿最初研究的是炼金术而非力学，那情况将会如何呢？无人能回答。但问题是，如果牛顿不是当了什么铸币厂厂长，他很可能就不会去研究炼金术，这牵涉到创造活动的动机问题。

牛顿的研究力学与数学是来自“内在动机”，它是一种自发性的兴趣，当事者对所从事的创造活动有一种强烈的爱、满足感，而且乐在其中。而他的研究炼金术则可说是来自“外在动机”，当事者对所从事的工作可能缺乏自发性的兴趣，它主要是想获得某种奖赏、外界的认可或恪尽自己的责任。用在海边捡贝壳来做比喻的话，内在动机是捡自己喜欢的贝壳，纯粹是为了好玩；外在动机则是捡可以卖钱、送人、符合某种规格的贝壳，或是去寻找传说中的某种贝壳。牛顿的研究炼金术，可说是因职责在身，而又回到海边，想去寻找传说中的某种贝壳。

一般说来，内在动机有助于创造活动，因为它较符合个人的禀赋和直觉，内在动机越强烈越能让一个人更废寝忘食、百折不回、不理会他人地投入自己喜欢的工作，这些都是让创意成真所必需的。但外在动机的角色则比较复杂，专利权是促使发明事业蓬勃发展的外在动机，如果没有创意成真的奖励或潜在的巨大商机，很多人或单位可能就不会去从事需要大量投资的研发与创新。整体而言，外在动机的诱因和强烈的内在动机若同时存在，则两者具有相辅相成的效果；但如果缺乏内在动机而只有外在动机的话，则反而可能成为自由发挥创意的一个限制，契克森米哈教授的研究指出，如果当事者在事前得知获奖的评审标准，那么作品的创意就会大为降低，因为他们会去迎合评审的价值判断，而扼杀了原创性的空间。

发明大王爱迪生，单单在美国专利局登记的发明就有一千三百二十八种。当然，我们不能说爱迪生的发明都是为了取得专利权，但太强烈的外在动机有时也会让人错失一些重大发现的机会，譬如爱迪生在研究音响电报时，曾观察到磁铁的中心会发出异常的火花，但因为这并非“马上能够得到报酬的研究”，也非“具有商业价值的发明”，他很快就放弃研究，后来有人则从这种现象里发现了电磁波，而开启了无线电的新纪元。太过实用与报酬取向，有时候会流于短视，只想“应用”一些更基本的发现与原理，但如果没有人不计报酬去发现这些，他又要从何“应用”起？

04

| 第四章 |

提供你灵感的十九道窍门

当灵感不来找我时，我就到半路上去遇见她。

——弗洛伊德

感官刺激：达利的钟表为何软如乳酪？

特殊的感官刺激会让人产生特殊的联想，如果能让它们和你正在进行的工作挂勾，就很可能为你带来意想不到的灵感。

超现实主义大师达利有一幅名画《记忆的永恒》，画面中最引人注目，也最具创意的部分是三个披挂在枯树、平台、动物尸骸上软趴趴、看似会流动的钟表。有人说这幅画是“在艺术中，人对时间的本质最奇特的陈述方式之一”。后来，达利在《时间的贵族气息》《马鞍与时间》《时间的轮廓》等雕塑作品里，又出现同样的、仿佛被烈日晒软的钟表。这是一种非常特殊的象征，而点燃他这个独特创意火花的，却是一块软乳酪所带给他的触觉经验。

原来达利当时已决定要画一幅以回忆为主题的画，他希望通过一些象征的景物来传达心灵对时间的深层而迷离的感受。当时，他这幅画已画了一半，夕阳余晖下荒凉而孤寂的海边、光秃秃的橄榄树……某种概念呼之欲出，但却又不知从何下笔。就在那个晚上，他品尝了法国卡蒙贝尔地方出产的软乳酪，乳酪超软的形质在他口中留下深刻的印象。上床前，他一如平日到画架前看看今天的进度，突然之间，他灵光一闪，觉得自己抓住了那个难以表达的概念，于是立刻拿起画笔，画上那三个软趴趴的、“乳酪一般”的钟表。当然，我们可以说在那晚之前，达利心中也许已经有了想用钟表来传达时间流逝的意念，而乳酪刚好为他提供了临门一脚。但如果不是吃了乳酪给他的灵感，很多人都怀疑达利能以那种方式来表达时间的流逝。

米开朗琪罗在受命以圣经故事绘制西斯廷教堂的壁画后，他想描绘奇伟壮观的创世景象，但却苦思不得，不知要如何表现。后来他暂时放下工作，到山野中溜达，一日清晨，暴风雨过后，云开雾散，旭日东升，他看到两朵白云状如勇士，从两边奔向初升的太阳，这个特殊的视觉景象让他仿如获得天启，于是立刻跑回教堂，以此构图，画出我们现在所看到的创世景象。

小说家村上春树的新作《1Q84》是一本探讨现代社会人性问题的奇幻作品，不仅畅销而且颇受好评，他在挪威演说时曾说，当年在电视上看着“911”受攻击的世贸双子星大楼，有如电脑动画般倒塌，让他感到强烈的不真实性，就是这个视觉震撼激发他的灵感，而写出《1Q84》。但如果认为一个简单的感官刺激就能带来源源不绝的创作，那也是过度简化问题。村上春树在接受《读卖新闻》专访时说，奥姆真理教毒气杀人事件是他写作《1Q84》的出发点，他旁听奥姆真理教事件的官司达十年以上，一直在想象真理教信徒被判死刑后的心境。“911 事件”的视觉震撼刚好为他的长年思索起了煽风点火的作用。

各种感官经验，视觉的、触觉的、嗅觉的，只要你够敏锐，而且能让它们和你正在进行的工作、正待解决的问题挂勾，产生联想，它们都可以为你带来创新的灵感。但就像毕加索所说:“灵感的确存在，只是它必须发现我们正在工作。”不管灵感从何而来，它最常在我们工作到一半、稍停片刻时出现，达利、米开朗琪罗和村上春树显然就是这种情形。

向外索求：甲壳虫乐队与贝聿铭的交集

灵感看起来似乎是可遇不可求，但其实并非“不可求”，只要增加“遇”的次数，获得灵感的机会就会跟着水涨船高。

精神分析大师弗洛伊德说：“当灵感不来找我时，我就到半路上去遇见她。”聪明的人不会枯坐家中、搜索枯肠，等待灵感的降临，而是主动出击，走出斗室，到外面广阔的天地和人群中去寻找灵感。

甲壳虫乐队有一首情歌《一周八天》，歌名的灵感来自麦卡特尼。那他的灵感又是怎么来的呢？原来有一天，他搭计程车去找列侬，在车上，闲着也是闲着，麦卡特尼就主动和司机攀谈，问说：“你最近的情况如何？生意好吗？”司机回答说：“一直在努力工作，而且是一周工作八天。”麦卡特尼觉得“一周八天”这个说法不错，于是和列侬用它写了一首脍炙人口的情歌。

麦卡特尼主动和司机攀谈，就是主动去“遇”，去和各式各样的人、事、物交会，而灵感就是交会时迸出的火花。为了创作更有新意的歌曲，甲壳虫乐队可以说像海绵一般不断接受新刺激、尝试新经验，他们还追随精神导师玛赫西前往印度的瑜伽之都——位于喜马拉雅山麓的瑞诗凯诗，在那里冥想修炼，这种特殊的经验不只改变了他们的心灵生活，而且也使他们的音乐创作风格为之大变。

华裔的建筑大师贝聿铭，他在承揽美国“国家大气研究中心”的建筑设计工作时，面临极大的挑战，因为他过去做的几乎都是都市建筑，而这个研究中心却要盖在科罗拉多州海拔六千二百米的岩石台地上。他苦苦构思不下十五个计划，但都无法如意。后来，他干脆放下工作，开车外出游览，结果在科罗拉多州南部维德平台上看到不少印第安人残留的塔楼，他发现这些塔楼的外形和颜色，与附近地形浑然天成的糅合在一起，他由此获得了启发，而以配合岩石台地的几何图形来设计“国家大气研究中心”，该建筑不仅是他最发人深省的作品之一，而且这种建筑形式更成为他日后独特的风格。

西方文艺复兴三杰之一的拉斐尔，以擅长圣母画而为人所乐道。他画的圣母不仅美丽，而且亲切动人，有一种属于人间的灵气。因为他的圣母并非凭空想象，而是以他所遇所见的世间女子为模特，譬如《花园圣母》据说是他有一天在花园中漫步时，看到园丁的女儿在花丛中弯身修剪花枝，那健康、美丽的模样深深打动了他，于是立刻画下速写图，然后用她当蓝本创作出来的。而《椅中圣母》则是他有一天从梵蒂冈出来，在廊柱下看到一位抱着婴儿的少妇，她的目光令他神魂颠倒，于是满怀激情地拾起一块木炭，将旁边一个空桶翻过来，在桶底留下了的她的倩影……

灵感的诞生，靠的不是更努力工作，而是更多的外在刺激。一个聪明的创造者，没有灵感枯竭的问题，因为他知道灵感不是靠内在思索，而是要向外求索。没有灵感，那就走出去，接受各种新刺激，尝试各种新经验。

开卷有益：达尔文和金庸的灵感阅读

书本好比带着复苏花粉的蜜蜂，从一个心灵飞到另一个心灵。阅读不只是消遣，更是一种刺激，是让人获得灵感最常见、也最方便的途径。

达尔文在他的自传里说："一八三八年八月，也就是我开始有系统展开调查工作之后十五个月，我阅读马尔萨斯《人口论》以资消遣，同时由于我长期观察动植物的习惯，不难认识到随处可见的生存竞争的事实，于是我恍然大悟，在这种环境下，有利的变化势必被保存下来，不利的则归于消灭。这样的结果便是新种的形成。这时，我终于得到了可以作为工作根据的学说。"

从这一段话我们可以清楚看出，搭乘"小猎犬号"的环球之旅，虽然让达尔文获得形成进化论的材料，但产生进化论核心要义"物竞天择，适者生存"的灵感却是来自阅读马尔萨斯的《人口论》。马尔萨斯的《人口论》里有一段话说："自然用最浪费最自由的手，在动植物界散播生命的种子，但却吝于给予育成这些生命种子所必要的场所和营养。地球上所含有的生命种子，若有充分食物和场所供其繁殖，数千年后就会充塞几百万个世界了。但自然法则的必然性，将限制这些生物于一定界限之内。植物的种类与动物的种类，都受到这个大法则的制约。"

达尔文大概就是看到这一类的说法，而触发他的进化论灵感的。阅读不只是一种消遣，而且是一种刺激，它可以说是让人获得灵感最常见也最方便的途径。很多人为了寻找灵感，而去做"有目的"的阅读，但更令人称道的也许是"无目的"的阅读，它经常能带给你意想不到的灵感，有的甚至要在一二十年后才会显现。譬如金庸，他年轻时候的志向是想当外交官，但在外交系念书时，因打抱不平而被勒令退学，后来通过亲戚协助，到图书馆阅览组当闲差。因为无聊，而饱览馆中收藏的西方传奇小说作为消遣，他特别喜欢大仲马的《基督山伯爵》《三个火枪手》，司各特的《撒克逊劫后英雄传》等小说。后来因时局剧变，他到香港的报社工作，在总编辑的怂恿下，才开始写武侠小说，想不到竟因此一炮而红，成为武侠小说泰斗。综观金庸的武侠小说，我们不难发现他的很多灵感是来自当年“不经意”阅读的西方剑侠小说。

金庸跟其他武侠小说作者（譬如古龙）最大的不同点是他的故事以历史为背景，像丘处机、张三丰、红花会、明教等，都是现实里存在的，只是发生的“事”跟我们所熟知的不太一样而已。在现实或历史结构里，作为中心人物的忽必烈、朱元璋、乾隆等，都被金庸挪到了“周边”，特别是在《倚天屠龙记》里，朱元璋简直成了插科打诨的丑角。反之，一些历史上的小角色或者根本不存在的周边人物，像郭靖、张无忌等，反而成为让人拍手叫好的中心人物，这种将中心与周边对调、重新安置的解构色彩，正是西方剑侠小说的特色。而在情节安排上，像《笑傲江湖》里风清扬隐于思过崖、任我行被囚于西湖黑牢等，我们也都可以看到《基督山伯爵》的影子。

美国诗人罗威尔说：“书本好比带着复苏花粉的蜜蜂，从一个心灵飞到另一个心灵。”阅读，不仅让我们走进自我的未知密室，还帮我们开启了灵感之门。

吸收再造：有人让毕加索怀了孕

有人说“同行相忌”，但更多时候是“同行相参”，互相参考别的同行在做什么，从中获得启发，吸收再造，也是灵感的一大来源。

自从人类有了文明后，百分之九十九的创造都不是无中生有，而是从过去相关的创造中获得灵感、接受启发。所有的创造其实都是“再创造”，只是我们不知道它的源头而已，就像每个人都有父母，但并非每个人都会告诉我们他们的父母是谁。

唐朝的王勃十四岁时到江南探望父亲，路过洪州时，参加都督的滕王阁盛宴，即席挥毫，写下了《滕王阁序》，才惊四座。文中的“落霞与孤鹜齐飞，秋水共长天一色”，更是让人拍案叫绝的千古佳句。但这两句并非“无中生有”，在南北朝诗人庾信的《马射赋》里，就有“落花与芝盖齐飞，杨柳共春旗一色”的句子。王勃的灵感是否来自庾信谁也不知道，但即使是也无妨，因为它比原来的意境好多了，是所谓的“镕铸新意，点石成金”，而这也正是很多创造的共通之处。

现在我们说莱特兄弟发明了飞机，其实在莱特兄弟之前，已经有不少人试验了各种飞机模型，但都无法成功，其中最大的问题是要如何控制飞机的飞行路径，依当时的科技水准，飞行员只能用方向舵来改变行进方向，但却极不稳定，很容易出事。莱特兄弟是在前人的基础上做了一些改变，他们最大的突破是从他们熟悉的脚踏车，还有鸟类飞行中获得灵感。骑脚踏车的人在转弯时身体会倾斜，而鸟类转弯也是一翼倾斜吃风、一翼切过风面；因此，他们改变机翼的形状，把帆布铺设在木架上，借着非对称弯曲来改变倾斜的角度，而使飞机能像脚踏车或飞鸟一样，平顺地往想要的方向飞行。

毕加索的名画《亚威农的少女们》，也不是从他随兴的素描草图里突然冒出来的，这幅立体主义的先驱作品可能有好几个来源：一是毕加索在不久前去参观非洲土著的面具展，那些扭曲变形脸孔所具有的神奇魔力让他留下深刻的印象；二是他看到他的画家朋友马蒂斯那强有力的人物绘画风格，还有裸体人物大规模组合的构图；三是他慢慢领悟前辈大师塞尚所说三角形、圆柱体、球体、圆锥体等几何图形形式与绘画本质的问题；当然可能还有经验的支离破碎、不连贯性等心理学与哲学思潮的影响等。也许我们可以这样说，毕加索让非洲艺术、马蒂斯作品、塞尚绘画观、心理学发现和他个人的想法在他的心中交会、碰撞，激起各种火花（也就是他所画的八本草图素描），然后从中创造出前所未有的、属于他自己的《亚威农的少女们》。

诗人海涅说："伟大的天才是由其他伟大的天才创造出来的，并非由于同化，而是来自摩擦。"一个真正的创造者并不忌讳参考、模仿前人的创造，这种参考和模仿甚至是必需的，但它也不是完全的复制，而是又加入一些属于自己的东西，从某个角度来看，你可以说那是一种"模仿"，但从另一个角度来看，那却更像一种"受孕"，因为它已经脱胎换骨，跟原来的东西不一样了。

创造是真正的"落霞与孤鹜齐飞，秋水共长天一色"，因为你只是"孤鹜"，只是"秋水"，你必须在更大更久的"落霞"与"长天"背景中，和它们"共色""齐飞"，然后成为更大更久的"落霞"与"长天"的一部分。

他山之石：裁缝教卢米埃尔兄弟放电影

他山之石，不只可以攻错，而且可以让我们从不同的角度切入问题，在新奇的联想中产生美妙的灵感。

一八九五年二月二十八日这天被定为“世界电影日”，因为在这一天，法国的卢米埃尔兄弟发明了一部理想的电影摄影机及放映机，在一个大白布幕上，放映出平顺而画面清晰的影片。在卢米埃尔兄弟之前，已有不少类似的发明，包括爱迪生的电影机、雷诺的光学影戏机等，但都不甚理想，因为都无法解决影片胶卷的牵引问题，胶卷必须一动一停地通过卡门，否则银幕上的画面就会模糊不清，它难倒了当时所有的发明家，连爱迪生都一筹莫展。卢米埃尔兄弟在研发过程中，也曾参考竞争同行的方法，但获益甚微。最后让他们产生突破性灵感的，却是谁也想不到的裁缝师和缝纫机。有一天，路易斯·卢米埃尔看见裁缝在使用缝纫机时，他的脚在下面踏板上做一动一停的间歇性运动，好平顺地牵引上面的布料。他从中得到启发，而发明了能够平顺放映清晰影片的电影机。

遇到问题时，参考相同领域里的方法，当然可以让我们得到启发，但通常只是细枝末节上的改善。真正突破性的创新灵感往往是来自不同领域，因为只有不同领域才能让我们换个脑袋，从不同的角度切入，获得崭新的想法。

现在大家经常使用的折刃式美工刀，是日本的冈田芳雄发明的，他的灵感来自两个非常奇特的领域。冈田家在大阪经营裁纸业，工人多用剃刀来切割纸张，剃刀在用一段时间后锋口就会变钝，整支剃刀因此报废丢掉实在太可惜，冈田芳雄一直在想有什么改善的方法，但却不得要领。有一天，他外出时，看见一个清洁工用一块玻璃在刮除木板上的油漆，当玻璃的锋口变钝时，就把玻璃敲碎，用新的锐利锋口再刮。他当下获得启示，心想因裁纸而变钝的剃刀，是不是也可以用类似的方法重复使用呢？但要怎么“敲碎”变钝的剃刀锋口呢？他试验了几次后，想到他吃过的巧克力条。长长的巧克力条每隔一小段就做出变薄的凹痕，好方便老饕一截一截折断，塞进口里。这真是一个好主意！于是全世界第一支折刃式的美工刀就这样被设计出来了。

唐朝张旭的草书，是中国书艺的一绝，它打破了魏晋以来四平八稳、拘谨的草书风格，字与字间变得连绵环绕，奔放写意，雄浑豪迈。但他这种创新并非自行在笔下摸索而来，或从其他同行的笔法中得到启发，张旭自己说，他是从马路上“担夫争道”与“鼓吹声”中得到笔法的灵感，再从“公孙大娘舞剑”中获得草书精髓的创意，这比王羲之从白鹅戏水的美姿里获得书法运笔的灵感更显神奇。

看看别人在做什么、怎么做，不仅可以增广见闻，而且可以让你得到来自不同领域的启发，但这个“别人”，不是你的“同行”，而是“别行”。为了获得“他山之石”，建筑师兼作家的富勒有一个习惯，当他站在任何书报摊前时，一定会买放在右上角的那一本杂志，不管那是科学、妇女、室内装潢、登山、育儿、军事、理财杂志，不管它们的内容是什么，他都会看得津津有味。越是你从来没接触过的领域，就越能让你发现一些新的东西与想法，这主要是一个习惯的问题，要想灵感源源不绝，就要把接触陌生的东西当作一种获得灵感的习惯。

活用经验：福尔摩斯的前世今生

在开拓现在的生涯或面对当下的问题时，活用过去与众不同的经验，往往就能产生与众不同的灵感和创意。

神探福尔摩斯可以说是现代警方科学办案的鼻祖，但他却是柯南·道尔所创造的小说人物。道尔原是个喜欢文艺的执业医生，因生意清淡，为了打发时间，也想增加收入，而开始写起侦探小说来。他的创作灵感有两大来源，一是前辈的作品，二是个人独特的经验。爱伦坡是他崇拜的作家，特别是《莫格街谋杀案》中的推理更令他爱不释手。在《福尔摩斯探案全集》里，一个才智超凡的私家侦探（福尔摩斯），搭配一个相形见绌，又对他钦佩有加的助手（华生），偶尔添加有竞争性但却僵化、愚昧的警方（苏格兰警长），这样的组合显然是承袭自爱伦坡。

小说里的福尔摩斯，精通化学、解剖学与心理学，熟知法律与地质学，喜欢抽烟斗和拉小提琴，精于刀剑拳术，但让人印象最深刻的是他那惊人的观察、判断与推理能力。每当有顾客上门，福尔摩斯稍事打量后，即会说出顾客的来历和某些不为人知的隐私，譬如：“你是一位海员，你的女儿二十二岁，你是骑马来的，一匹棕红色的马，而且还掉了一个马蹄铁。”这简直是让人匪夷所思，但一经他解释，却又显得合情合理。

此一迷人的情节，其实是道尔当年就读医学院时在贝尔教授课堂上情景的重现：贝尔教授在看病时，喜欢在病人走进来坐下，尚未开口前，就说出他的判断，譬如：“你以前在陆军服役，隶属苏格兰高地部队，不久前才退役。是士官阶级，曾驻扎在巴贝多斯。”然后，贝尔会对惊讶的病人和学生解释他是如何根据病人身上的一些蛛丝马迹做出这些判断。

道尔在回忆录里说，贝尔教授一再教导学生，一个尽责的医生就跟一个高明的侦探一样，必须留意每个可能的线索，抽丝剥茧，找出真正的病因就像找出真正的凶手一般。没有道尔，就没有福尔摩斯。但没有过去受教于贝尔教授的经验，道尔可能也创造不出福尔摩斯。

目前在心理学界及精神医学界使用非常广泛的“罗夏墨迹测验”，它让受测者看一组左右对称、暧昧不明的墨迹图案，要他说出这些图案“看起来像什么或让他想起什么”，研究者再根据这些“看图说故事”的回答来研判受测者的心灵样貌，它由瑞士的精神科医师罗夏在一九一一年首先倡用而得名。而罗夏之所以会有此创见，也是来自他过去的经验：他在中学时代的绰号就叫作“墨迹”，因为他很喜欢画画，特别喜欢利用墨迹折叠做出左右对称的图案。在中学毕业前，他曾为自己将来要献身于艺术或自然科学而彷徨，后来他到苏黎世就读医学院，毕业后成为精神科医生。当时，弗洛伊德的精神分析学说日渐受到重视，罗夏对精神分析和深层心理学很有兴趣，但要如何了解或者说如何让病人开启他内心深处的门扉呢？他想到的是自己过去情有独钟的墨迹图案，于是发明了“罗夏墨迹测验”。

发明叩诊——用右手指头敲击按在病人胸前的左手，根据其回音判断病人肺脏与心脏情况——的奥恩布鲁格医生，他的创意同样来自过去特殊的经验。因为他是一家酒店老板的儿子，小时候父亲就教他如何用手指敲打酒桶的顶部，根据回音判断桶里还有多少酒。

每个人都有一些独特的经验，但拥有再多独特的经验也不能让人变聪明，让人变聪明的是如何活用这些经验。经验像预含许诺的种子，要让它们开花结果，必须靠你自己去耕耘、去创造。

爱情滋润：灵感女神与创意男仆

爱欲可以鼓舞、激发一个人的创造力，就像诗人聂鲁达所说："我说'爱'，世界便群鸽起舞，我的每一个音节都可唤来春天。"

在希腊神话里，缪斯是掌管科学与艺术九位女神的通称，古希腊时代的诗人、歌手经常向缪斯呼告，祈求灵感，缪斯也因此被称为"灵感女神"。

尼采是个极具原创性的哲学家，很多人认为，在他的生命中曾出现过一位灵感女神，那就是莎乐美。三十八岁时，尼采初识莎乐美，形容她是"能瞬间征服一个人灵魂的女子"，她的魅力让尼采精神亢奋、思想澎湃，激发他写出《查拉图斯特拉如是说》这部旷世杰作。类似的说法还有很多，譬如美丽的加拉是达利终生的灵感女神，不断激发他的创造力；而奥利维耶、柯克洛娃、弗朗索瓦丝等女人，则是毕加索在不同时期的灵感女神，让他产生不同的创作灵感。

从某个角度来看，爱欲的确可以鼓舞、激发一个人的创造力，就像诗人聂鲁达所说：“我说‘爱’，世界便群鸽起舞，我的每一个音节都可唤来春天。”爱欲有一股令人振奋、向上提升的力量，在爱欲的春天里，一切都显得得朝气蓬勃、欣欣向荣；恋爱中人觉得自己恍如获得神助，可以完成各种不可能的任务，这些都有助于发挥创意。

如果你是位女性的话，问题就来啦。在创造活动中，女人所能扮演的角色只是轻抚衣角，露出神秘的微笑，好激起一位天才型男人的创造欲望吗？那微笑起来不神秘的女人怎么办？是否就与创造绝缘？而这是否就是女人缺乏创造力表现的原因？女人缺乏创造力表现的原因很多，多半也是大家想得到的，譬如机会不均等、社会压力大等，但最重要的还是个观念问题。在尼采跟莎乐美的关系中，几乎所有人都说“莎乐美是尼采的灵感女神”，其实，将它颠倒过来，说“尼采是莎乐美的灵感男神（甚至创意男仆）”，可能更有创意，而且更接近事实。

莎乐美是二十世纪前后欧洲知识界的名媛，很多杰出的知识分子、艺术家都为之倾倒，她在十八岁时就曾是基罗特神父的灵感女神，在三十六岁时，又成为诗人里尔克的灵感女神。后来，莎乐美还师事弗洛伊德，跟他学习精神分析，连弗洛伊德都说她是一个“最优秀的解人儿”。其实，莎乐美拥有的并不只是外表的魅力而已，她还是一个思想敏锐、学识渊博、眼光超凡、意志坚定的女性，写过不少小说与文学哲学评论，如《为上帝而战》《易卜生的女性形象》《来自陌生的灵魂》等。在和尼采、里尔克等人的罗曼史中，都是莎乐美慧剑斩情丝，离开那些男人，转而去追求自己另外的人生。这样的行径跟毕加索为了能不断产生新的灵感，而一再追求、抛弃不同的女人有什么两样呢？如果奥利维耶、柯克洛娃、弗朗索瓦丝等女人是让毕加索激发创意的“灵感女神”或“创意女仆”，那尼采、里尔克，甚至弗洛伊德等男人，为什么就不是莎乐美激发她个人创意的“灵感男神”或“创意男仆”？她和这些杰出的男性交往，为的也许就是从他们身上撷取灵思，一个接一个，让她迈向创意人生的巅峰。

持平之论应该不管是男人或女人，在遇到一个能挑起他（她）爱欲深情的异性（甚至是同性）时，他（她）不只会渴望与对方结合，而且还会渴望创造、渴望孕育。

梦境启示：魔鬼与糖尿病之梦

梦是灵感的一个重要来源。但梦中出现的灵感，很少是完整的答案，甚至不是正确的答案，它只提供我们一个方向或某些暗示。

意大利名作曲家塔蒂尼的《魔鬼的颤音》，是世人公认他最好的作品。为什么会叫作《魔鬼的颤音》呢？塔蒂尼说那是有一天他入睡后做了一个梦，梦见魔鬼来造访他，塔蒂尼将小提琴交给魔鬼，魔鬼即席为他演奏一曲，优雅曼妙，动听无比，令他佩服得五体投地。塔蒂尼醒来后，立刻拿起小提琴，捕捉魔鬼为他演奏的乐曲，写出来的乐章虽然无法和他梦中听到的相比，但却是他最好的作品。

不少科学家和艺术家都说他们从梦中获得创造的灵感，梦似乎也是灵感的一个重要来源。人文心理学家罗洛·梅说："灵感是潜意识的内涵冒出来，而被意识所捕获的刹那感觉。”照精神分析的说法，梦是潜意识演出的舞台，在这个舞台上发生的一切，跟我们白天清醒时的意识生活密切相关，但又很不一样，这种“异样关系”的确能对创造活动带来不少启迪。

但像塔蒂尼这样从梦中获得“全部”灵感的恐怕很少，而且有点夸大。大部分的梦中灵感都好像在回馈你白天的辛勤工作，而给你一些带来突破性的提示，譬如前面所说物理学家玻尔的“原子模型之梦”。又譬如波斯湾战争期间，美军亟须大量防弹背心，但杜邦公司生产制造防弹背心的凯夫拉纤维的机器突然故障，所有的工程师和工人都绞尽脑汁试图抢修，但却不得要领。有一位技工瑞格斯戴尔，在辛苦工作一天回家后，晚上做了一个梦，梦中不时出现软管、弹簧的影像。隔天上班时，他根据梦境的提示去摸索，终于找出机器故障的原因，问题即可迎刃而解。结果，瑞格斯戴尔的这个梦，为杜邦公司挽回了三百万美元的损失。

班廷的“糖尿病治疗之梦”就更加有意思。班廷虽然是外科医生，但因为母亲死于糖尿病，所以相当注意医学界在治疗糖尿病方面的新进展，也一直希望自己能有所贡献。当时，大家知道糖尿病可能跟胰脏有关，不过真正的关系如何却还是一团迷雾。一九二〇年年末的深夜，班廷做了一个梦，凌晨两点，他从床上爬起来，在笔记簿写下："糖尿病。将狗的胰管绑住，使胰脏的外分泌腺体退化。让狗活着，设法分离胰脏的内分泌物来减轻糖尿。"醒来后，班廷觉得这个梦中灵感很有意思，于是在得到生理学教授麦克劳德的支持后，他在一九二一年夏天和研究助理贝斯特开始这方面的实验。起先，他根据梦中的提示，先将一只健康狗的胰管绑住，然后分离出萎缩的胰脏移植到去除胰脏的糖尿病狗身上，但麦克劳德认为这样太麻烦了，建议他们将萎缩胰脏的抽取物冷却后直接打入狗的体内。经过许多次的试验后，班廷和贝斯特发现，正常胰脏抽取物和绑住胰管后萎缩胰脏抽取物的降血糖效果几乎一样，于是又改成直接由胰脏萃取而不再先绑住胰管。在一再改善萃取方法后，他们终于在一九二二年以这种胰脏的萃取物（也就是胰岛素）成功地让一名罹患第一型糖尿病少年的血糖恢复正常。班廷和贝斯特并因此而获得一九二三年的诺贝尔医学奖。虽然班廷后来所用的萃取方法跟当初梦中所见已经有很大的不同，但他还是认为是那个梦给他带来了灵感。

梦中出现的灵感，很少是完整的答案，甚至不是正确的答案，它只提供一个方向或某些提示，但对有心创造的人来说，这样的灵感已经足够了。

师法自然：从芒刺里看到魔术贴

大自然就好比一座充满隐喻与创意的大型图书馆。经过亿万年演化的生物，所发展出来的各种生存策略，都是我们灵感的泉源。

诗人吉尔墨有一首诗说："我从未看过一首诗美丽如一棵树……愚笨如我者能写诗，但只有上帝能造树。"大自然，不仅是艺术家撷取创作灵感的宝库，而且几乎每个艺术家都承认，大自然才是最伟大的创造者。

其实，人类社会有很多发明也都是借助于大自然，像飞机的模仿飞鸟、潜水艇的模仿鲨鱼等，也许这些只是类比，更具体的例子亦不胜枚举。譬如瑞士的工程师梅斯特拉尔到阿尔卑斯山区远足，回来后发现他的衣服上沾满芒刺，他好奇地用放大镜观察，发现芒刺长了很多小倒钩，钩进他衣服的纤维里，所以很难拔掉。他从自然界这种巧妙的设计里得到灵感，经过几年的研究，终于发明了比传统拉链更密合、更方便的魔术贴（一种尼龙搭扣，可以用来固定鞋子或其他衣物）。

美国的发明家惠特尼，则是有一天看到一只猫隔着篱笆想抓里面的鸡，它伸出脚掌一阵乱抓，虽然没有抓到鸡，但脚掌上却满是鸡毛。惠特尼就从这里面得到发明轧棉机的灵感，设计无数能伸出像篱笆缝隙的爪子，将棉絮从棉花种子里拉出来。

有些人则是遇到棘手的问题，而从自然界学到突破的方法，譬如在日本经销体育用品的鬼冢喜八郎，深知理想的篮球鞋应该既能快速奔跑，又能立即止步跳跃、不打滑，他一直朝这个方向去构思，但都无法突破。有一天，他在吃章鱼料理时，看到章鱼爪上的吸盘，立刻灵光一闪，觉得鞋底如果有这种类似吸盘的构造，应该可以防止打滑。而事实就是如此，如今篮球场上的球鞋，有百分之七十以上都是鬼冢喜八郎所发明的凹形鞋。

法国的布鲁诺尔，则是在兴建水底隧道时遇到了一个大难题：在水下的地底深层向前挖掘时，两边的土会不断往中间堆积，让他难以处理。后来他注意到有一种蛀船虫，在坚硬的船体往里钻时，会先替自己建一个管道，这使他得到启发，而发明了“管幕工法”，先在地底打入空心钢柱，以此为“潜盾”，边掘进边延伸。他所发明而经过改良的盾构机，目前已广泛使用于隧道、地下铁、下水道、自来水及地下电缆等工程。

这几个人的发明有一个共同的地方，他们都是从自然界的生物获得灵感。从某个角度来看，自然界的万物经过亿万年演化，所发展出来的各种生存策略，都是非常有效而又极具创意的。如今，各行各业也都有人拜大自然为师，想从中开发出新产品、架构出新方法，譬如有人研究佛罗里达的金眼蜘蛛，看它如何吐出比钢更强韧的纤维；有人分析鲨鱼身体的每个部位，看看它为什么不会得癌症；有人模仿人体找出外来分子的免疫系统，想设计攻击入侵电脑病毒的软件。

的确，大自然就好比一座充满隐喻与创意的大型图书馆，走进这座图书馆，随便拿起一本书来阅读，都能让你眼界大开、心旷神怡；读的书如果刚好对味，更能让你孕育好灵感，诞生新创意。

神秘钥匙：躺在棺材里，闻一闻烂苹果

灵感就好像开启创造之门的神秘钥匙，有不少创造者通过一些个人偏好的奇特管道，去获得他们的钥匙。

英国作家西特维尔夫人获得灵感的管道相当特殊，她在家里摆了一口棺材，写作之前，常常先躺在打开的棺材里构思，等到有了灵感，才爬出棺材奋笔疾书。而德国诗人席勒也不遑多让，他是将腐烂的苹果摆在抽屉里，在写作遇到瓶颈需要寻找灵感时，就打开抽屉，深深吸入烂苹果刺鼻的气味，据说常能因此而文思泉涌。约翰生博士则是将自己摆在打呼的猫、橘子皮和茶之间，闭目沉思，邀约灵感。而法国小说家普鲁斯特的工作室则排满了软木塞，他在这样的环境中写作，会写得特别顺。

听起来似乎有点怪异，不过我们可以推想，棺木、烂苹果、橘子皮、茶叶、软木塞等，都会散发出某种特殊的气味，其中

所含的特殊化学成分，可能有安抚神经或刺激脑部活动的作用，它们像心灵的酵素一般，可以活化一个人的灵感。

有些人需要特殊的气味，有些人则需要特殊的活动。譬如柯律蒂在写作前需要先替她的猫捉跳蚤，捉得差不多了才开始动笔；而海明威则是要先削铅笔，将铅笔削得尖尖的，灵感似乎就能从笔尖源源涌出。哲学家康德则较为怪异，他要在一天里的某些时候，先在床上将毯子以自己发明的方法叠在四周，然后才心情愉快地开始工作。音乐家瓦格纳则是在作曲遭遇困难时，就要不停地抚摸柔软的窗帘或桌巾的褶边，直到灵感出现为止。

这些特殊的举动当然也有特殊的用意，它们可以将浮荡、焦躁的心思引入一个自己熟悉的渠道中，能更顺利地与灵感之流汇合。据说康德在撰写《纯粹理性批判》时，他集中精神在一个可以从窗口眺望的钟楼上，后来外面有一棵树长得太高，遮蔽了钟楼，康德因此变得很沮丧，灵感受阻，柯尼斯堡当局于是下令把树砍掉，好让他继续创作。

法国小说家大仲马多才多艺，而且创意十足；他的生活也多彩多姿，甚至可说放浪不羁，但他的写作习惯却颇为奇特：写小说时，一定要用淡蓝色的稿纸；写散文时，一定要用玫瑰红的稿纸；作诗，则是非黄色的稿纸不可。作曲家斯特拉文斯基则更加严谨，他的工作室干净而有条不紊，两架钢琴、两张桌子、两座柜子，柜子的玻璃隔间里摆着书籍和乐谱，全部按字母顺序排列。他的书桌则像外科医师的手术台，上面依序放着各种颜色的墨水瓶，各种形状的铁尺、橡皮、小刀，还有他自己发明的画谱工具。每张乐谱都以各种不同颜色的墨水——蓝色、绿色、红色和两种黑色来书写，每种颜色都有它特殊的目的、含意与用途。

这种对精确与完美的要求，斤斤计较于小节，会让人觉得僵硬与吹毛求疵，但有时候，这种一丝不苟不仅是创造完美作品所必需，而且还有利于创意的迸发。因为当你将外在世界安排得井然有序，将它纳入某些固定的轨迹或仪式后，你就不必再为它分心和费心，如此一来，内在世界的灵感和创意反而较能顺利地奔涌而出。

其他像写了不少悬疑恐怖小说的爱伦坡，写作的时候喜欢让一只猫坐在他的肩头，这跟酝酿适当的气氛可能有些关系。有些作家像雨果和富兰克林等则喜欢裸体写作，想来是一丝不挂较能无挂无碍。

也许你不必躺在棺材里，闻烂苹果，但你可以自行发掘一个获得灵感的特殊管道。一旦你通过某种管道或仪式获得不错的灵感，它就会受到强化，下次的效果将更不错。

更多点子：从王安石到陀思妥耶夫斯基

诺贝尔化学奖得主鲍林说："要有好点子的最佳方法就是有一大堆点子。"这看起来似乎有点笨，但却是最佳的方法，也是多数创造者最常使用的方法。

北宋的王安石在第一次变法受挫，罢官返乡后第二年，皇帝又起用他，召他入京。重燃壮志的他搭船北上，在瓜州过了一夜，写下那首有名的《泊船瓜州》："京口瓜州一水间，钟山只隔数重山；春风又绿江南岸，明月何时照我还？"其中的"春风又绿江南岸"已成为千古名句，将"绿"字作动词用，似乎就是来自王安石的首创，而且让整首诗都"活"了起来，是真正的画龙点睛。

但这个好点子并不是一开始就出现的。王安石最早写的是"春风又到江南岸"，他不太满意，又东想西想想了一个晚上，想出各种其他的描述法，包括"春风又过江南岸""春风又入江南岸”“春风又满江南岸”等，但还是觉得都不够好。直到第二天早上，他走到船头，看到岸边青翠的草地，他才又产生一个新点子：“春风又绿江南岸”，而且立刻明白这是最好的点子。

你得先多想一些点子，然后才能从中挑选出最好的。陀思妥耶夫斯基在写小说时，也是先在笔记本上构思各种可能的情形，譬如在准备动笔写《白痴》时，他为小说的第一部就拟了最少八个不同的架构，一再琢磨故事发展的各种可能方式，也罗列了其他作家用什么方法来处理类似的问题等，然后再从中挑选一个他认为最好的。

毕加索这位天才型的画家，经常会有神来之笔——看到什么东西，触动了他的灵思，拿起笔来一挥，就是一幅令人惊叹的作品。但更多时候，他更严肃的作品却是他多方摸索、一再试探才完成的。譬如《亚威农的少女们》这幅画，画的是五个脸孔有点扭曲变形的裸女，艺评家说这是开启立体主义序幕的原创性作品，现在我们看到的是一幅干净的作品，但为了这幅看起来并不复杂的画，毕加索花了很多时间在笔记本上尝试各种可能的素描和草图，而且一共画了八本之多。事实上，毕加索的每一幅传世之作，事先都有各种不同的蓝本，有的还酝酿数年之久，他保存下来的草图绘本就有一百七十五本之多。

在科学界，以各种不同的材料或假设作实验，一试再试，然后找出最佳方案的方式更属家常便饭。譬如爱迪生为了寻求理想的灯泡灯丝，他和在纽约梦罗园里的助手们，前前后后共试验了数千种不同材料，甚至还包括他朋友的胡子、外套的棉线、手中旧竹扇的竹丝等，凡是看得到、想得到的，他都会拿来试试。在发现将竹扇纤维碳化的效果不错后，他更派出探险队到亚马孙河流域、中国、日本、印度等地，寻找更理想的竹子纤维。最后总算找到了能发光一千二百小时的碳化日本竹丝灯丝（这种灯丝用了几十年，后来才被现在使用的钨丝所取代）。

小说家斯坦贝克说："点子就像兔子，只要先有一对兔子，而且知道如何处理，那你很快就会有一打兔子。"点子会越想越多，那照这样说，"一个人似乎应该多花点时间，不厌其烦地想越多的点子"啰？其实，说"不厌其烦"就错了，对一个喜欢创造的人来说，想点子是一种思考"游戏"，多想些点子是多"玩"一会儿，而不是多"烦"一会儿！

意识假期：在火车上邂逅哈利·波特

很多人都在心情放轻松、不刻意去想什么的“意识假期”中获得灵感。这种“不刻意”正好能放松意识的控制，而让原先被压抑的、或者不熟悉的念头顺利冒出来。

当《哈利·波特》在全球各地狂卖后，作者罗琳就成了媒体追逐的对象。记者最常问她的一个问题是：“你创作《哈利·波特》的灵感到底是从哪里来的？”罗琳说那是一九九〇年某个周末结束的夜晚，当她从曼彻斯特搭火车返回伦敦时，车上非常拥挤，某个想法突然在她心头浮现：一个男孩子起先并不知道自己拥有魔法，但却一步步地发现自己的神奇力量……

从六岁就开始写东西的罗琳，以前虽然也有过不少突发的灵感，但没有一次像这次这般强烈与让她兴奋。她说她很想记下她的灵感，但身上却没有笔，所以只好继续让灵思驰骋，在四个小时的漫长车程里，她的脑中装满了关于这个男孩子的各种奇想。回到住处后，她立刻拿起笔来，写下《哈利·波特与魔法石》的头几页。当然，后来几经修改，它早已非当晚的原貌。但哈利·波特的最初灵感，还有写作的驱动力，确实就在那个晚上，那列疾驶的火车上，如魔法一般降临到罗琳的身上。

在搭火车或长途汽车时得到创造灵感的人还真不少。譬如，历史学家汤恩比就是在搭乘衔接欧亚的东方快车上，得到他撰写《历史研究》旷世巨著的灵感；迪士尼也是在从纽约返回好莱坞的长途火车上，产生将米老鼠卡通化的点子；而物理学家戴森则是在深夜从加州返回普林斯顿的灰狗巴士上，顿悟出一个让他迷惑许久的物理难题。为什么搭车能激发一个人的灵感？这有几个原因，一是你的意识通常处于放松的状态，很适合发挥想象力；二是你同时处于移动和静止状态中，思维会变得较为灵活；三是你有一段相当长的时间无正事可做，幻想的深度和广度都会更甚于平时。

有人坐在车上产生灵感，有人则是躺在浴缸里获得启示。众所周知阿基米德就是有一天洗澡时，优哉游哉地躺在浴缸里，忽然灵光一闪，想到如何分辨纯金打造的王冠里是否掺银的方法，而兴奋地跃出浴缸，裸体狂奔大叫："我找到了！

我找到了！”而数学家庞加莱则是在思索三元二次不定式的难题不得其解，到海边度假，在悬崖上散步时，突然浮现三元二次不定式的数学变形与非欧几里得几何的三元二次方程式乃是同一的新观念。物理学家海森堡也是在苦思原子光谱却徒劳无功，外出度假散心时，产生量子力学的灵感的。

根据一项调查，当被问及“你在什么时候产生最好的想法？”时，排名第一的答案是“在车上（开车或坐车）”，其他像洗澡、慢跑、听音乐时，也所在多有；但却很少人回答说“在办公室里”。由此可知，产生最好想法的时候几乎都是所谓的“意识假期”，也就是心情放轻松、不刻意去想什么问题的时候。从心理学来看，这种“不刻意”正好能放松意识的控制，而让原先被压抑的或者不熟悉的念头顺利冒出来，所以是产生好点子的最佳时机。这也是为什么爱因斯坦会问“为什么我最好的灵感总是在早晨剃须子的时候浮现”的原因；而宋朝的文学家欧阳修之所以说“余平生所作文章，多在三上，乃马上、枕上、厕上也”，道理也在这里。骑马、睡觉、上厕所这三个漫不经心的时候，的确是产生灵感的好时机。

要想有好点子，恐怕要先问自己有多久没坐火车，没有外出度假散心了？给自己一个意识假期，说不定你就能在车上、在山上、在海边遇见你的哈利·波特。

建档库存：李贺骑驴，杰克·伦敦晒衣服

乍现的灵光稍纵即逝，如果能即时记录下来，又花点时间加以分类存档，积少成多，遇到瓶颈时拿出这些“库存灵感”温习一番，往往就会找到意想不到的连接点。

有人问爱因斯坦：“您是否有一本能随时记下您伟大思想的笔记本？”爱因斯坦回答说：“我有过的伟大思想只有一个。”很显然，爱因斯坦并没有这样的笔记本。但很多伟大的艺术家、科学家、发明家的确都备有这样的笔记本，能随时记录他们不经意出现的灵感，或是画下眼前的各种景物。笔记做得最多、最勤的也许是达·芬奇，据信他的笔记多达一万三千页（现在找到的有六七千页），记录他对尘世万物的各种观察、思考和实验，而且图文并茂，每页都密密麻麻的，包罗万象。

笔记只是一种概括性的称呼。唐朝的鬼才诗人李贺，评

论家说他的诗“想象丰富、构思奇特、字锻句炼、色彩瑰丽”，他写诗的方式也很特别，不是在书房里构思，而是每天骑着一匹瘦驴，驴背上挂了个袋子，后面跟着书童出门。他穿街过巷，但通常会走到景色宜人的郊外，沿途有所见有所感，想到什么好句子就用纸写下来，丢到袋子里。等到黄昏回家后，再从袋子里翻出那些纸片，整理成完整的诗。

元朝末年的文学家陶宗仪，归隐山林后耕读为生，白天到田里劳动，累了在树下休息时，就将浮现心头的点点滴滴记录在树叶上，然后丢到瓦盆里，如此累积了好几盆的资料，他那有名的《南村辍耕录》就是根据这些树叶笔记写成的。

美国的小说家杰克·伦敦早年当过水手，曾到北冰洋猎海豹，航行过太平洋各海域，也到阿拉斯加挖过金矿，做过各种出卖劳力的工作，人生阅历相当丰富。他二十岁开始写作，在四十岁过世前一共写了五十一本书，大部分是小说。他写作的方式相当特殊，就是平时将自己的见闻和感触写在一张张卡片上，然后在房间里牵上晒衣绳，将和现在正在写的小说相关的卡片用夹子夹在晒衣绳上。已经被融入小说中的卡片资料就收起来，又再补上新的卡片，整个写作过程就好像在晒衣服、收衣服一般。他的小说里经常出现新奇的生活见闻，除了个人阅历丰富外，跟他平日的积累卡片显然也有密切关系。在写作后期，他坚持每天最少要写一千字，其中有些可能就是先写成卡片，然后再插进适当的情节里。

现代科技发达，我们已不必像李贺或杰克·伦敦那样辛苦，利用手机随时录下特殊的景物或键入自己不意出现的好点子更加方便，而电脑的资料夹在资料的分类与整理方面也有事半功倍之效。但万变不离其宗，重要的是要持之以恒，而且能灵活运用。不管你是用传统的手工记录或现代的高科技，能够为自己突然冒出来的灵感留下记录其实是个好习惯，因为有很多好点子都是在等车、坐车、走路、看到某种东西时产生的，乍现的灵光稍纵即逝，如果能将它们即时记录下来，又能花点时间再加以分类存档则更好。它们也许无法立刻派上用场，但积少成多，遇到瓶颈时拿出这些“库存灵感”温习一番，往往就会找到意想不到的连接点，更重要的是，那完全是属于自己的东西。

小说家陀思妥耶夫斯基的经验也许可以给大家当参考，他说：“我经常遇到灵感的随时出现，我会立刻拿笔记下来，然后再花几个月甚至几年的时间加以修饰，将这些灵感重新排列组合。这是我喜爱的工作，所以，灵感是我创作的泉源。”

改变环境：牛顿回故乡，高更出国去

不同的环境可以提供不同的刺激，产生不同的想法。但要激发一个人的创意，重要的不是美好的环境，而是环境的改变。

有些环境似乎特别容易激发人们的创意，譬如阿尔卑斯山区，就是几世纪以来欧洲伟大创造者的流连之所，尼采在瑞士恩加丁山谷写下他的《查拉图斯特拉如是说》，瓦格纳在拉维罗别墅作曲，佩脱拉克在亚德亚里别墅写诗，意大利的物理学家们在女修道院改建的别墅里讨论夸克和微中子。秀丽的山川、古老的教堂、宁静的湖泊、浪漫的历史遗迹，脱俗而充满灵气的情境似乎能刺激思考，让人产生新奇的创意。而斯堪迪亚公司在斯德哥尔摩北方海岛上的“未来中心”，除了有美丽辽阔的海景外，室内更有着轻柔悠扬的音乐、烘烤面包的芳香、唤醒历史记忆的古船轮舵、勾引绵绵旧情的老式打字机等，这些巧思和布置也都是想激发来此充电的员工们的创意。

就“灵气”来说，英国林肯郡的乡野显然比不上阿尔卑斯山的庄园，甚至比不上剑桥大学的校园，但牛顿对万有引力思考的突破、微积分运算基础的奠定，却都是因为暴发瘟疫，剑桥大学关闭，他被迫返回老家，一个人在林肯郡的乡野中和农舍里形成的。而创办苹果电脑的乔布斯、创办亚马逊公司的贝佐斯，更是在没有鸟语花香、通风不良、毫无舒适可言的车库里拟定他们的伟大蓝图。

也许重要的不是特别美好舒适的环境，而是个人的心境。不同的环境会激发不同的思想，环境的改变比美好的环境来得重要，牛顿回到乡下反而有比在剑桥时有更多、更好的创意，可能就是环境改变的关系。后期印象主义大师高更，他最具代表性的作品都是在他远离法国，只身前往塔希提岛后完成的。塔希提岛的蛮荒和原始，毛利人的纯朴与野性，都深深影响了高更的人生观与价值观，“我的双脚因为在石子路上行走而长满厚茧，常常几近全裸也用不着担心被太阳晒伤，文明的味道正一点一滴从我身上消退，我开始简单地思考。所有属于人类或动物的欢愉，我都享受到了。”在创作方面，他也不再拘泥传统的绘画技巧，而开始忠于自己的感情，以单纯、强烈又有点梦幻的色彩来呈现最寻常也是最深奥的事物，不仅成为二十世纪初野兽派的先驱，而且留下很多像《我们从何处来？我们是谁？我们向何处去？》这类令人深思的不朽杰作。

在自然界，迁徙是造成生物突变的重要因素。有些人似乎也喜欢借不断的迁徙来获得创新的灵感，迁徙改变的不只是外在环境而已，还包括接触的人与事，譬如海明威这个行动派作家，他很多小说的灵感就都是来自他在不同时空下的特殊阅历，参加两次世界大战担任救护车驾驶、战地记者、腿部受重伤等经验，让他完成了《永别了，武器》与《丧钟为谁而鸣》，在西班牙的旅行感触让他写就了《午后之死》，到非洲的狩猎经验则促成了《非洲的青山》和《乞力马扎罗的雪》，住在古巴海边的生活让他完成了《老人与海》。

住所是个环境，书房是个环境，连小小的书桌也是个环境。有些人只要改变书房里书籍的摆放方式，在窗口摆一盆薰衣草，在书桌上放一个骷髅头，在电脑屏幕旁多一个水晶球，就能营造不一样的气氛，激发出不一样的想法，这似乎比一再搬家或出门远游要容易得多。

环境有大有小，有有形的也有无形的，每个人渴望改变和可以改变的都不一样，但万变不离其宗，就是让自己能多些不一样的刺激。

心灵震撼：沉默羔羊的沉默启示

当心灵的保险丝因长期思考而烧坏时，想要起死回生，就必须来一次强烈的电击，将混乱的思绪全部蒸发，一切归零，好重新开始。

“我想寻找灵感，但却只得到头痛。”很多人都有过这种经验：一直动脑筋想解决一个老问题或提出一个新方案，但却越想越混乱，最后，整个脑袋好像陷入瘫痪状态，思考失控，已经头痛欲裂，不想再想但却又身不由己地继续想……这时候，你就必须即时踩刹车，改去做别的事，甚至外出度假。

美国桂冠诗人斯特兰德说他在为诗作构思时，经常耽溺于创作的思考，但如果超过心智的“熔点”，心灵的“保险丝”一烧掉，就会陷入混乱而得不偿失，所以他不会让自己想太久、想太多，当“保险丝”过热时，他就会停下来，改玩单人棋、到厨房找点心吃、外出遛狗、开车兜风，或做其他“无意义”的事，等“保险丝”凉了，他再回到创作上。

如果“保险丝”烧掉了，恐怕就需要更激烈的手段。日产国际设计公司的相关人员在设计一种新车款时，遇到了瓶颈，大家的思考陷入了泥沼，好几天都在一事无成的混乱中度过。当时的副总裁赫希伯格做了一个特殊的决定，在某天中午带领所有的员工集体跷班，到电影院去观赏惊悚片《沉默的羔羊》。刚上任不久的公司总裁石田有点恼火，质问为什么在进度严重落后的情况下，居然还有心情跷班去看电影？

赫希伯格的答复是：“当员工陷入困境时，激发创意的首要条件不是增加他们的压力，而是要纾解他们的紧张，并且暂时抽离问题，这才是更有效的管理策略。”那集体跷班去看了《沉默的羔羊》后，效果如何呢？赫希伯格的检讨报告说：“大楼中的紧张气氛开始消散，不到几天，各种点子就一一浮现，陷入胶着的问题慢慢有了头绪，设计开始带着设计师走，显然有某种很强的观念正在浮现。”

在因长期思考而陷入混乱的泥沼，心智超过它的“熔点”，大脑几近瘫痪时，想要起死回生不只是暂时抽离、改做别的事而已，还必须适时地给大脑一次“强烈的电击”，将混乱的思绪全部蒸发，一切归零，好重新开始。所以，跷班去看《沉默的羔羊》，让心灵震撼一下，的确是个好办法。

音乐家柏辽兹曾为他的诗人好友贝朗瑞所写的一首诗谱曲，但对结尾的“可怜的士兵，我终于要见法兰西”，一直想不出合适的曲调来表达，最后只好将它搁置在一边。两年后，他到罗马去，有一天不慎失足掉进河里，还好大难不死，受到惊吓的他从水里爬起来时，随口哼了一段乐曲，他立刻明白那正是他两年来搜肠刮肚而无法谱出的乐曲。为什么会这样呢？也许是在他失足落水时，潜意识里重现了他想象中“可怜的士兵，我终于要见法兰西”的情境，在直觉的反馈中灵感降临；也许是他的心灵因失足落水受到“强烈的电击”，左右脑的思路忽然接通，而产生奇妙的灵感。

可能有人会说，那何不一开始就不必浪费时间去思考，而直接去看《沉默的羔羊》或故意失足落水，当场就灵思泉涌，岂不更惬意，而且更有效率？问题是如果没有开始的卖力思考，就不可能有后来的美妙启示。思考之所以陷入混乱的泥沼，是因为它误入了歧途，到处都被堆积的废弃物塞住，让人看不见出路，跳脱出来去看《沉默的羔羊》或失足落水，是在清洗思考通道上堆积的废弃物，等清洗完毕，豁然开朗，“茅塞顿开”后，你才能有所突破，也才会忽然发现，那美妙的答案就像沉默的羔羊，已静静地站在你心灵的旷野中。

强烈需求：最后一名逼出了分期付款新招

需要为创新与发明之母，想要有所创新与发明，你最需要的也许是：强烈的需要。

如今大家买东西，从房子、车子到百科全书，都能分期付款，有的甚至还零利率，让你能提早享用原本在现在还买不起的东西。分期付款实在是一种很有创意的行销手法，而发明这种方法的人就是后来鼎鼎大名的汽车业巨子艾柯卡，但那是他早年在被逼得快走投无路时，绞尽脑汁想出来的。

艾柯卡原是福特汽车的推销员，因为表现不错而成了一个小地区的经理。一段时间后，在和其他经销点比较时，他的销售量却老是最后一名，这给他很大的压力，虽然总有人要做最后一名，但他不想老是当最后一名，所以一直苦思有什么能让他摆脱困境，让业绩突飞猛进的推销方法。最后他想到了一个绝妙的点子：顾客只要先付20%的车价，就可立刻拥有该公司一九五六年型的新车，其余车款则每月付五十六美元，分三年付清。他将此一前所未有的促销活动称为“五十六美元买五六型”，一推出就广受欢迎，短短三个月内，他的销售量也从最后一名跃居榜首。他的上司将他这一套新颖又吸引人的推销方法扩大为全国性的销售策略，原本滞销的五六型车款摇身一变成为畅销车，而他也很快晋升为特区经理，然后由分部总经理进而成为公司总经理兼副总裁。在当推销员时的艾柯卡，也许从未想过自己会成为福特汽车的总经理，想要摆脱“最后一名”的强烈需求，激发了他的创意，更为自己开创了人生新局。

几十年前，有一位单亲妈妈，在一家公司担任秘书的工作，每天下班回家忙完家务事后，就在厨房里做起实验来。她调配各种白色颜料和涂漆，将它们抹在文件的某些字上，看看会有什么反应。她花了很多时间在这上头，不是基于什么特别的兴趣，而是想保住自己的饭碗。因为她在离婚后好不容易找到这份秘书的工作来养活自己和儿子，但不幸的是，她打字常常出错，她很担心会因此失去工作，所以一直苦思有什么方法能掩饰错误，保住饭碗，每天晚上厨房里的实验成为她唯一的希望。

这位单亲妈妈名叫贝蒂·格莱姆。皇天不负苦心人，在无数次的试验后，终于让她找到一种最好的配方，也就是现在称为“立可白”（即涂改液）的东西。她不只因此保住了工作，还在售出专利权后成为富婆。

需要为发明之母，根据麻省理工大学斯隆商学院希普教授对电子产品的广泛调查，发现有超过 70% 的新发明产品，都是来自使用者，他们因为无法在市场上找到需要的工具或配备，而不得不自己去发明一个。创新与发明需要动机，而最直接的动机就是个人或社会实际的需要，需要越迫切，动机就越强烈，就越会推着你走向创新与发明之路。想出分期付款促销新招式的艾柯卡和发明立可白的格莱姆，想告诉我们的就是这回事。

如果你到目前还无所表现，也许只是因为你的命太好，还没有这个或那个需要。当需要变得十分强烈、非常迫切时，它就会推着你走向创新之路。

练习想象：电子魔术师的秘密武器

只要多花点时间去练习，想象力就会越来越丰富，而且越来越细腻，更能产生让你意想不到的效果。

提起特斯拉，很多谈特殊智能和创造力的专家都会谈到他，他是马克·吐温的好朋友，看到女士戴的珍珠耳环会吓得发抖，绝不住进房间号码或楼层是三的倍数的旅馆，用餐时需要先用一大堆餐巾纸来擦拭餐盘；他发明了交流电发电机、日光灯，还有一大堆小机器，但他最让人惊讶的是有一种很特殊的空间视觉能力。

他有一个绰号叫“电子魔术师”，可以靠栩栩如生的想象在心中浮现一部精密机器的全貌，看到它运转的情形；还能将它在心中拆解开来，改良它的构造；甚至能让机器在心中运转几个星期，然后“检查”它可能的磨损情形。一个目睹他这种特殊能力的人说：“特斯拉能透视一部机器的每一个细微零件，他的这种透视，比任何设计蓝图还要真确。”他的同事也说，特斯拉对机器的摹想，精密度可以达到零部件零点二五毫米。而特斯拉则自己说，他大多数的发明都是来自这种心灵的想象。

很多人认为，特斯拉是天生异禀，拥有加德纳所说“空间智能”的特殊禀赋，这对他在机械构造方面的领悟力与创造发明有比别人更优越的条件。但在《我的发明》这本自传性质的告白里，特斯拉却做了不同的交代：

特斯拉说他从小就喜欢幻想，每天晚上（有时候是白天）当他独处时，他就会开始他的“想象之旅”，在心中摹想前往一个新的城市、新的国家，住在那里，遇到各式各样的人，和他们做朋友，别人也许会觉得这些都是虚幻的、无法相信的，但对他来说，这些想象却如同真实生活般“真实”，场景栩栩如生，他对它们的感情也千真万确。十七岁时，他的思想开始严肃地转向机械与发明上头，所以也将每天的想象转移到这方面，他很高兴地发现，以前的想象经验使他可以在没有模型、没有蓝图、没有实验的情况下，也能在心中想象出一部真正的机器，而且巨细靡遗。

到底是因为特斯拉真的天生异禀，而使他从小就能从事栩栩如生的想象？还是因为他从小就一再训练自己的想象能力，而使他后来能有高人一等的空间视觉能力？也许没有人能回答这个问题，但平常多做练习，最少可以增加自己的想象力。

苏联在训练一九八〇年的奥运选手时，除了正规的身体训练外，也施予心灵训练，所谓心灵训练是要选手栩栩如生地想象自己在仿如接受身体训练时各部分肌肉的运动情形，他们将选手分为四组，A 组只接受 100% 的身体训练，B 组接受 75% 的身体训练、25% 的心灵训练，C 组的身体与心灵训练各 50%，D 组则接受 25% 的身体训练、75% 的心灵训练，结果 D 组选手所得的奖牌数最多。想象力不仅可以训练，而且仿佛心灵的魔术师，会产生令人惊讶的实质效果。

对多数人来说，发挥想象力的最大障碍是认为“那不过是想象”“不能当真”。物理大师费曼是一个喜欢想象的人，他说：“让我们的想象力伸展到终极之处，不是像小说般，去想象那并非真的存在在那里的东西，而是去领会‘的确’在那里的东西。”想象，其实是另一种真实，我们要练习的正是这种想象力。

解读象征：梦中灵感的科学实验

梦是一种图像思考，如何从梦中的象征图像获得创造的灵感，也在考验你的创意。

德国化学家凯库勒有一次在演讲时说："各位先生女士，让我们学习如何做梦吧！也许我们能从梦中发现真理。"因为他就是在梦中发现了苯的化学结构式。

苯是由六个碳原子和六个氢原子所组成，凯库勒一直想找出它的化学结构式，当时已知化合物的结构式（譬如酒精）都是开放式的，他朝这个方向去探讨，但却苦思不得。某夜他坐在炉火边打盹时，做了一个梦，梦中看到一串串的原子链像蛇一样不停地在他眼前绕动，突然间，有一条蛇咬住了自己的尾巴。凯库勒惊醒过来，立刻明白苯的化学结构式应该像咬住尾巴的蛇一样是密闭的环状结构。

这个灵感之梦可以说是"潜意识对意识的补偿作用"，

梦中灵感的关键——“咬住自己尾巴的蛇”，其实是炼金术里的一个象征图案，凯库勒梦中会出现这个影像，跟他熟悉炼金术不无关系，但要将这个象征图案解释成“密闭的环状结构”，却需要有灵活的联想力，它甚至也是创意的一环。

斯坦福大学的狄蒙曾做过有关“灵感之梦”的实验：受测者在就寝前，花十五分钟去想一个类似“头脑体操”的问题，第二天一早，报告他们记得的昨夜梦境，看看其中是否含有解决问题的灵感。实验结果显示，有8%的梦境与问题相关，0.8%的梦境为问题提供了正确答案。比例虽不高，但却颇富趣味。

譬如有一道题目是：“字母O、T、T、F、F……代表一个无穷尽序列的开头。决定这些字母的规则为何？接下来出现的两个字母是什么？”正确答案是它代表一个数列，因为那几个字母依序是1、2、3、4、5数列的开头字母，所以接下来应该是S、S（6和7）。

有个受测者在思考这个问题后，梦见“我正在画廊里参观挂在壁上的画，当我走过大厅时，开始计算画的数量——一张、二张、三张、四张、五张，但第六和第七张画却不见了，只剩下画框。我凝视空荡的画框，觉得有某种神秘就要获得解答。突然之间，我了解第六和第七个空间正是问题的答案。”我们可以说，入睡前思索这个问题的学生，在梦中用生动的视觉影像提供了正确答案。但梦中“壁上的画”其实只是个象征，你要获得正确答案，必须先对它做正确的联想。

另有一道题目是：“请看下面这些字母：H、I、J、K、L、M、N、O。它们代表一个字，这个字是什么？”正确答案是“水”，因为题目里的八个字母意指H to O，to与two同音，所以谜底是两个氢一个氧，也就是“水”。

在思考这个问题后，有个受测者梦见“我做了几个梦。在一个梦中，我追猎鲨鱼；另一个梦中，我则在大海中玩冲浪；而在另一个梦中，我潜水时遇到一条梭鱼；又一个梦里，雨下得很大；在最后一个梦中，我则扬帆航向风中。”他的潜意识已经通过发散思维，用各种象征方式来暗示正确的答案——每一个梦都与“水”有关，但他醒来后，却无法以收敛思维理出众多梦境的共同点，而说答案是“字母”(alphabet)，实在有点可惜。

如果我们面对的是比头脑体操更严肃、更具体的问题，思考的时间不只十五分钟，观察的也不止一两个晚上的梦的话，那么从梦中获得创造灵感的机会应该会提升不少。但不是做了梦就会有灵感，因为要如何解释梦中的象征，也在考验你的创意。

生命原声：倾听心中小孩的声音

一个人对什么东西、某个领域有异于常人的领悟力，往往在小时候就会露出端倪。多数伟大的创造者都是先倾听这个“生命的原声”，顺着本性去发展，然后大放异彩的。

有一个人，在三岁的时候常常听人家谈起上帝，大概知道他是一个伟大的神。有一天，又听人家说“上帝无所不在”，他觉得很神奇，于是跑进厨房问他母亲：“妈妈，上帝是否真的无所不在？”正在忙的母亲随口说：“是啊，小宝贝。”小男孩又问：“那么当我走进厨房后，是否就把上帝的一部分挤了出去？”小时候提出这个疑问的人叫克里柏克，如今已成为美国当代最聪明的哲学与逻辑学者。

有一个人，在四五岁的时候，大人送给他一个罗盘，他对罗盘的指针一直要往北指的现象感到很好奇，经常拿出来把玩，觉得里面一定隐藏了什么不可思议的魔力，长大后仍然对这件童年往事念念不忘，他就是爱因斯坦。另有一个人，在读小学时，经常带一个怀表到学校，无聊时就将怀表拆开来玩，拆了又装，装了又拆，因而得到“小钟表匠”的绰号，这个人就是后来的美国汽车大王福特。

还有一个人，小时候家里开药房，父亲从小就让他在药房后面搅拌药粉，他对将两种不同的东西搅拌后居然会变成截然不同的第三种东西感到非常惊讶，而且让他体会到如神一般的感觉。这个人在七岁的时候，就把家里的《药学百科字典》读得滚瓜烂熟。后来，他走上了化学之路，而且表现杰出，他就是诺贝尔化学奖得主鲍宁。

不少在各行各业有创造性表现的人，在回忆起童年时，都会津津乐道让他们印象特别深刻的某些经验，觉得这些经验似乎预示了他们未来的道路，和他们日后的创意表现存在着奇妙的关联。从气质发展的角度来看，这些经验之所以让他们特别深刻，因为这些经验和他们“生命的原声”产生了共鸣。

生命的原声会将一个思考与追寻的心灵，带往它最好的落脚点。有些人从小就听从自己生命的原声，有些人则是在人生失据时，才听到那来自遥远年代的古老呼唤。

知名的心理学家荣格在二十世纪初因为提出集体潜意识

理论，而和弗洛伊德的精神分析学派决裂，同时疏远了那个学派的同行，在孤立无援的情况下，他的情绪陷入低潮，前途也变得难以预料。他思前想后，忽然想起自己在十岁左右非常着迷的一件事：自己用石头和泥土建筑想象中的城堡与祭坛的情景。往事历历在目，仿佛在召唤他，他激动地在日记里写下这样的句子："那个小孩还在，而且有一股我现在缺乏的创意和朝气。"

于是他在乡下买了一块地，利用余暇自己动手，像童年时代一样，一砖一瓦建造属于自己的梦幻城堡。他一边兴筑他的城堡，一边建构他的心理学理论，开始探讨他从小就极感兴趣，但后来却被压抑的各种神秘经验、心灵异象、炼金术、占星术等，他称之为"在石头中告白"。城堡的建筑前后历时三十五年，充分表达了他的内在思想，他很多重要的观念都是在兴建这座城堡时产生的，而他的主要著作也都在城堡中完成，最后，他也在城堡里告别人间。

也许，每个人在童年时代都想自己盖一座城堡，一座符合自己禀赋、兴趣和梦想的城堡。即使你并没有完成它，但"那个小孩还在，而且有一股你现在缺乏的创意和朝气"，他就是你最可靠的灵感之神，听从自己心中小孩的声音，他就会引领你前往你生命原声的许诺之地。

05

| 第五章 |

助你迸出创意火花的十三项交会

当人和山相遇时，就会生出伟大的事来。

——布列克

阴阳相济：在剪辑师床上的导演

在生物层面上，雄性与雌性结合，可以孕育出新生命；在文化层面上，男人与女人交会，更可以创造出另一种新生命。

有一个男人叫乔治·卢卡斯，很多人知道他是《星球大战》的导演；有一个女人叫玛西亚，很少人知道她是《星球大战》的剪辑师。卢卡斯和玛西亚不只是工作上的伙伴，更是生活上的亲密伴侣。年轻时代的卢卡斯个性内向、爱好沉思、紧张而又忧虑，玛西亚则爽朗、风趣而又干脆，两人在合作一部纪录片时滋生爱苗。有一天，卢卡斯在工作完毕后，鼓足勇气邀玛西亚“出去走走”，玛西亚欣然答应，在第一次约会时，还不断提醒他“放轻松点”。

两人结婚后，卢卡斯得到著名导演科波拉的支持，拍了一部描述青少年成长的《美国风情画》，那好像是他过去小镇少年生活的点滴，卢卡斯拍得很即兴、很杂乱，但在玛西亚巧妙的剪辑下，几个原本互不相关的小故事竟被串在一起，成为条理清楚、具有奇异魅力的电影散文。《美国风情画》获得奥斯卡五项提名，叫好又叫座后，他们也因此而获得了开拍《星球大战》这个卢卡斯梦寐已久的现代神话的机会。

卢卡斯的才情与创意固然没话说，但较不为人知的玛西亚则是二十世纪七十年代好莱坞的最佳剪辑师，《再见爱丽丝》与《计程车司机》都是出自她的手笔。当然，她剪辑最多的还是丈夫卢卡斯的作品，经过剪辑后的《美国风情画》，以多条主线同时发展的呈现方式，在当时非常新颖，大家纷纷起而仿效，后来竟成为电视连续剧制作的样本。一九七八年《星球大战》首部曲获得奥斯卡的十一项提名，不过卢卡斯并未得到最佳导演奖或最佳剧本奖，反而是玛西亚赢得了最佳剪辑奖。如果没有玛西亚的剪辑，还有不时在他耳边低语“放轻松点”，我们不知道卢卡斯的电影和他的人生会成为什么样子（但很遗憾，两人在拍完《星球大战》三部曲后仳离）。

在夫妻的层面上，卢卡斯和玛西亚并没有孕育出下一代；但在艺术的层面上，他们却因不同气质、观点和专长的交会与结合，互相弥补，而创造出令人称道的电影。

物理学家居里，原是个为了科学研究而反抗、避开女人的男人，但在遇到迷人而又热爱科学的玛丽后，他不再逃避，也无法抗拒。两人的爱情与婚姻，不仅使得他们的人生更温馨、圆满，而且使他们的科学研究更称心、丰硕。婚后，夫妻俩在简陋的棚屋里同甘共苦做研究，在生下第一个女儿后不久，他们又生下了“另一个孩子”——镭。在提炼出纯镭后，他们像钟爱自己的孩子般看待镭；镭有放射性，是可怕的东西，但也是可爱的东西，他们放弃对镭的专利权，让它属于全人类，而且将用途放在对疾病的治疗上。

镭的发现与用途，是科学界的一个奇迹、一则美谈，而它则是由一个男人和一个女人合力创造出来的。

有人认为男人的左脑较发达、偏爱理性，而女人的右脑较发达，偏爱感性；男人与女人同心协力，可以结合左脑与右脑、理性与感性，而使创意获得更大的发挥。其实，男人如何如何、女人又如何如何的说法，是不能一概而论的，但不管怎么说，既然被称为“异性”，那么交会时总会产生“异样”的火花，特别是这对男女不只是工作上的伙伴，更是床上的伴侣时，他们交会时所产生的创造性，就会有更深邃而美好的含意。

基因交换：一个化学家的“异花授粉”

人世间的创造，好比一种“形而上的进化”，观念就是它的基因；要有所创新，就不要老是和同行“乱伦”，而应多多和外人进行基因的交换。

发明本生灯的德国化学家本生，他发现不同的物质以本生灯燃烧时会产生不同颜色的火焰，他想也许可以利用火焰的颜色来鉴定物质的化学组成，于是做了很多实验，但因为火焰的颜色经常太接近而难以分辨，所以一直无法突破。有一天，他对一位物理学家基尔霍夫谈起他的研究和问题，基尔霍夫听了说：“身为一个物理学家，我若是你，我就不会直接观察火焰，而会利用三棱镜观察火焰的光谱，这样所有颜色就会一清二楚。”因为和物理学家交换了意见，化学家本生终于找到了分析物质化学成分的“光谱分析法”。

在“术业有专攻”和“物以类聚”的情况下，同一学科或行业的人彼此密切联系，成立学会或公会，发行专业刊物，在里面讨论问题和交换意见，似乎已成为一种文明主流。它当然有很多好处，但如果做得太过火或太忠贞，觉得不是同行就“道不同不相为谋”，鸡同鸭讲，那这种只愿意和有同样专长、同样经验、同样背景、同样品味的人交换意见的现象，就好像生物学上只想和具有同样血缘的人交配一样，是一种思想上的“近亲繁殖”，或是观念上的“乱伦”。生物界的近亲繁殖，通常会导致该种生物的停滞、萎缩甚至灭绝。大自然之所以被称为伟大的创造者，正因为它在生物繁衍方面设了一个“乱伦禁忌”的机制，鼓励物种进行异花授粉和族外交配，通过基因的一再交换和重组，而产生物种的多样性，让万物各具特色，而且生生不息。

人世间的创造，好比一种“形而上的进化”，“观念”就是它的“基因”；要有所创新，就要多多和外人进行基因的交换。化学家本生拿他的问题和物理学家基尔霍夫讨论，就是一种异花授粉、异业交流，结果他从中得到灵感，产生了与同行沟通不可能得到的创意。有人研究人工智能发展史，发现为了解决网络资讯处理的问题延宕了数年之久，当时的专家一直想设计出单层的资讯处理机制，但却走入了死胡同；在花费无数人的心血和尝试后，最后总算找出多层次的处理机制。有人说，这些人工智能专家当初如果能和生物学家交换意见就好了，因为生物学家会告诉他们，人类眼睛中负责影像资讯处理的细胞不是一层，而是三层。走了很多“冤枉”路，就是因为不想和外人交换观念，只喜欢和同行“乱伦”。

全录公司的帕洛艾托研究中心是很多新发明与新点子的诞生之地，但其研究团队并不只有电脑科学家而已，还包括艺术家、人类学家等，他们配对合作、互相激荡，创造出很多新颖又受欢迎的多媒体科技产品，这些都是他们单枪匹马所无法完成，甚至无法想到的。众所周知，美国航空航天总署是个很专业、很尖端的单位，当他们在想回收一个不稳定的卫星遇到麻烦时，就公开征询“各方面的意见”，结果收到了来自各界人士的好几百个点子，航空航天总署还郑重其事地加以分类、建档。保守人士也许会说：“那些阿猫阿狗对人造卫星懂什么？”但既然你自己解决不了，敞开心胸听听“外行”的意见又何妨？谁知道这次派不上用场，也许下次就用得着呢？

耽溺于“观念乱伦”，是保守人士的一个标记。放弃观念上的职业框框、乱伦癖好，多多和异业人士交流，会让你更感刺激，更觉惊喜，也更有创意。

异业结合：工程师搞哲学，音乐家学种田

每个人都有他的专业知识和经验，当他闯入另一个专业领域时，就好像异性相吸，两者会因碰撞而迸出创意的火花。

维根斯坦是二十世纪的伟大哲学家，但他的哲学观点跟一般人认知里的哲学很不一样，譬如他说：哲学不会也不应提供我们关于生命问题的任何答案；生命问题的解答在于问题的消失；哲学不是一种知识，而是一种厘清的活动，哲学思考的整个目标就在于终止哲学思考……他的哲学称为“语言分析哲学”，主张哲学是厘清和阐释的活动，首先要厘清什么是“可说”的、什么是“不可说”的；对“不可说”的说得再天花乱坠，也只是谬论；但对“可说”的，则一定要用精确的语言将它说清楚，如果我们能正确地了解和使用语言逻辑，那么很多问题都会消失，或根本不必提出。

这样的哲学见解的确很有创见，也跟他原先的所学很有

关系。维根斯坦是学机械工程出身的，年轻时代热衷于飞机喷射反应推进器的设计，因为这项工作涉及纯数学，而使他对数学的哲学产生兴趣，竟因而放弃航空工程，改到剑桥大学读哲学。但当时的哲学气氛却让他感到颇为失望，科学出身的他觉得哲学应该是一种“澄清思想的方法”，而学院里却充斥着哲学是“深奥的学说体系”的观点和派别（譬如黑格尔的哲学）。而这些“深奥的哲学”，在他这位要求精密、失之毫厘即差之千里的航空工程师眼中，都是语言模糊、思考混淆的产物。他把工程师所看重的“清晰”与“精确”注入哲学中，形成了独树一帜的语言分析哲学，同时也为哲学增添了新的活力。

所谓术业有专攻，每个人都有他的专业经验和眼光，当他闯入另一个专业领域时，他原先的经验和眼光，就可能为他带来别人不太可能有的创见。

在农业机械化后，现在很多农夫都已改用自动播种机播种，但发明自动播种机的却是一个叫作杰斯洛·图尔的风琴师。图尔的本行是音乐，很会弹风琴，不过却也爱好庄稼，喜欢种些东西，曾经在自己的农场里种三叶草，而被他的农夫邻居讥为“老爷农夫”，意思是城市乡巴佬，不是农夫的料也想当农夫。但他不以为意，“好高骛远”的他不仅下田，还想发明一种能自动播种的机器，减少农夫的辛劳。这种想法别人也有过，而且也已经有人发明了播种机，它是一部带有空心犁刀的车子，车上有个装种子的容器，当车轮转动，犁刀在地面犁出一条条犁沟时，种子通过容器下面的金属管和空心犁刀，掉进犁沟里，而车后的一个耙子，再把犁开的土耙回来，盖住种子。但这种播种机有个大缺点，因为它无法控制种子从容器掉进土里的速度，也就是不能均匀散播种子，所以使用的人很少。

图尔这个业余的“老爷农夫”，成功地解决了上述难题，发明了可以均匀散播种子的自动播种机，他的灵感就是来自他非常熟习的风琴，方法是以一个铜盖和可调节的弹簧来控制种子往下掉的速度，这个铜盖和弹簧装置就如同风琴共鸣板里的簧片。他把他熟悉的音乐知识用在农业机械的发明上，结果有了别人不可能有的创意。

创造，是不同知识、不同经验、不同专业的交会。任何专业的知识和经验，都有可能让另一个专业“受孕”，创造出新生命。

独特观点：当悲剧遇到卓别林

创造力存在于一个人的眼界中，当特殊的眼界和特殊的事物交会时，就会产生和别人不一样的看法与创意。

美国西部拓荒时期发生过很多悲剧，其中一个故事说，有一百六十位前往加利福尼亚的拓荒者，在内华达山脉的山区中迷路，为风雪所困，存粮耗尽，饥寒交迫，体力差的一个个死去，幸存者为了活下去，有人烧煮鹿皮鞋充饥，有人则吃死去的同伴，最后生还的只剩下十八人。这个悲惨的故事曾被写成一本书。当你看过这样的故事后，心中想到什么呢？如果要你拍一部电影，你会从中得到什么灵感呢？或者如何将故事融入你电影的情节中呢？

有一个正准备拍电影的人看到了这个故事，心中浮现一个好点子，他就是卓别林。当时卓别林已答应为联美电影公司拍一部电影，虽然决定电影要以加州采金狂潮下小人物的悲喜为主题，但却没有剧本，甚至连凸显卓别林喜剧风格的场景都没有，就在这种情况下，他看到了上述故事，结果竟将它转换成《淘金热》里最有趣、最令人捧腹大笑的一段情节：饥肠辘辘的流浪汉（卓别林所饰演的淘金客），烧煮皮鞋来果腹，而且还拿起鞋钉，像啃鸡骨头般津津有味地啃着，而煮熟的鞋带也像意大利面般可口。更爆笑的是，和他同病相怜的矿工朋友，居然产生幻觉，把他看成一只肥美的大火鸡，而想把他宰来吃。

如果不是卓别林在他的自传里自我表白，“从这桩惨痛的悲剧（前面的拓荒故事）里，我孕育了最有趣的一个场景”，我们根本无法得知他上述喜剧情节的创意来自哪里。但这也正是卓别林的独到之处，从悲剧故事里获得悲剧小说或电影的灵感不足为奇，因为大部分的人都会；但要从悲剧故事里看到喜剧的雏形，却需要特殊的眼光和心思。卓别林能做到这一点，最直接的原因应该是他当时正渴望能找到拍一部喜剧片的题材，所以能从悲惨故事里发现喜剧的种子，就好像《淘金热》里饥肠辘辘的淘金客，触目所及的东西看起来都像食物一样。但除此之外，还有一个更深沉的原因：《淘金热》跟卓别林的其他电影一样，让人笑中带泪，泪中带笑，充分反映了卓别林式喜剧的精髓，此一精髓就像他自己所说：“我们必须在面对无助时大笑并借此抗衡自然的威力——不然我们就会发疯。”换句话说，他是以喜剧的方式来呈现悲剧——人类自身的种种不幸。

这正是卓别林的独到之处，譬如在《摩登时代》这部电影里，由卓别林饰演的流浪汉，成了工厂生产线上辛勤工作的工人，他的工作是每隔两秒钟就用钳子扭紧由生产线不断送来的螺丝。在长期的惯性动作制约下，拿着钳子的他看到女人衣服胸前和屁股上类似螺丝的装饰用纽扣时，竟也不自觉地想用钳子去“扭紧”它们。这是电影中最爆笑的一幕，但却也是最让人感到悲哀的地方，因为它暴露了生产线上单调的重复性工作对人性的摧残。

这种以喜剧来呈现悲剧的开创方式，并非卓别林的天赋，而可能是来自他对自己在现实人生里的悲惨过去，还有在舞台上长年扮演丑角深刻体悟所形成的眼界。那个他创造出来的，“头戴破礼帽，脚登大皮鞋，手持细拐杖，迈着企鹅步”的流浪汉，既滑稽又悲伤、充满喜感，又十分凄凉、非常善良，又有点邪恶，似乎就是他的写照。

从悲剧中看到喜剧，以喜剧的方式来描述悲剧，不仅是卓别林思考电影时的特殊眼界，更是他待人处世的生命哲学。世界只有一个卓别林，但每一个人的人生经验都是独特的，都可以形成独特的眼界，并进而产生独特的创意。

异常知觉：如果让近视画画，聋子作曲

创新不是在和人比速度、比精确，而是比“不同”。有时候，自己和别人不一样的某些地方甚至缺陷，反而能为你开启创造之门。

几年前，澳大利亚的一位神经外科教授丹恩，在《临床神经科学》期刊上发表一篇论文，指出画家莫奈、雷诺尔、德加，还有塞尚、毕沙罗等都是近视眼，而他们都是十九世纪印象主义画派的大师。丹恩说，一场被视为突破传统、开创绘画新局的印象主义，很可能就是这些近视眼“因缘际会”同时在巴黎现身，以类似的方式“观看世界”造成的。理由是：近视眼看东西会模糊不清，看红色系的东西会比蓝色系的东西清楚。印象派作品的朦胧模糊、缺乏细节的精确和明丽的色泽、偏好红色系的色彩等，可能都是这种视觉缺陷造成的。

当然，印象主义画派的兴起还受到当时科学与社会思潮的影响，而有创意的画家也不是单纯在呈现他们所“看到”的东西而已，但画家的视觉经验必然会左右作品的内涵也是不争的事实。莫奈不仅近视，还患有白内障，当白内障日益严重后，他的画作不仅越来越模糊，而且不再有蓝色调。在接受白内障手术后，莫奈告诉朋友说，他对世界竟然有那么多蓝色感到非常惊讶。

而塞尚不仅是个近视眼，还患有糖尿病，可能有视网膜剥离的问题，但他却拒绝戴眼镜，他的画作以大块的色彩与几何形状来呈现物体，而且说那是在“追求比眼睛所看到的景象还要真实的世界，也就是永恒不变的形体”，但此一追求，可能是因为他的眼睛看不太清楚外在景象，所以转而探索内在影像的关系。

哲学家梅洛·庞蒂特别提到，塞尚在年老时，曾怀疑自己绘画中的新意是否只是源于自己眼睛的问题或“肉体上的意外”，而为此大感沮丧。其实，只要是创新，又何必在乎它的来源，不管怎么说，“有别于”正常人的视觉经验，对成为一个有创意的画家来说，应该是优点而不是缺点，因为创新就是要提出不一样的观点和感受。毕加索说：“有些画家将太阳变成一个黄点，有些画家则凭其艺术与才智将一个黄点变成太阳。”很多有视觉障碍的人都看到了黄点，但只有具原创性的画家将他看到的黄点变成太阳。

伟大的作曲家贝多芬，在准备大展宏图的三十岁左右，耳朵竟慢慢失去听力，终致全聋的不幸，更是大家熟知的。他那感人的《英雄交响曲》《命运交响曲》和《第九交响曲》都是耳聋后的作品，当然，我们绝对不能说耳聋为贝多芬带来了创意（在耳聋之前，他已是一个创意十足的作曲家），但就像评论家亚特曼所说，耳聋使贝多芬日渐失去与外界的沟通，而花更多时间倾听自己内在的声音，对某些灵性问题做更深邃的挖掘，更加坚定对自己力量的信念等，这些都会影响他的音乐，而在以“英雄”“命运”和“快乐”为主题的后期交响乐里，我们都可以看到这种痕迹。

其实，所谓“缺陷”就是跟正常人“不一样”，近视也好，耳聋也好，每个人都可能因为这个或那个缺陷而有跟多数人不同的感受和观点，而“异于常态”的感受和观点，跟带来创新只有一步之遥，只要你“敝帚自珍”，看重自己跟多数人不一样的“缺陷”，善加发挥，在创造之路上反而能如虎添翼。

潜在补偿：梦中的野人、鱼与侏儒

日有所思，夜有所梦。白天的苦思是意识的工作，晚上做的梦则是潜意识的演出，当潜意识和意识交会时，我们就看到了梦对思考的启发。

美国的发明家赫威在发明缝纫机时遇到了一个难题：如何将穿线的针安装在机器上，让它可以顺利缝纫？就在百般思考后，有一晚他做了一个梦，梦见自己被一群野人抓走，野人限他在二十四小时内要发明出缝纫机，梦中二十四小时很快过去了，赫威当然发明不出来，于是野人决定用长矛刺死他。在梦中，当野人的长矛刺向他身上时，赫威发现长矛的尖端有一个眼形的小洞。他从梦中惊醒，立刻了解到缝纫机上所用的针，针孔不能像普通针在后方膨大的部位，而应该在尖端。

白天的努力思考是意识的工作，而晚上做的梦则是潜意识的演出，当赫威的潜意识遇到他的意识时，我们看到那个梦好像是在纠正他的思考，告诉他清醒时的想法走进了死胡同，他应该做相反的思考，而这也正是心理学家所说的“潜意识对意识的补偿作用”。我们清醒时的意识思维虽然较清晰，但也较褊窄，而作为潜意识思维的梦虽然较模糊荒诞，但却能提供我们较宽广的视野，从而弥补、纠正意识的不足和错误。

生物学家阿卡西兹曾经找到一条鱼的化石，不过从化石上只能看到鱼的一部分，他不愿冒险敲碎化石，但根据这一部分去摩想鱼的全貌，却又想不出个所以然。有一晚，他忽然梦见这条鱼的全貌，令他懊恼的是在醒来后，却已无法凭印象将它画出来。但他相信答案必然还隐藏在他的下意识里，于是在床边准备了纸和笔，果不其然，第二晚他又梦见了那条鱼，梦中醒来，他立刻将它画出来。结果它果然就是这种鱼的完整形态。这听起来似乎有点玄，但也许是因为当阿卡西兹在百般摩想时，这条鱼的其他部分已经存在于他的大脑中，只是在白天清醒时，他的意识无法顺利地将它们组合起来，而唯有在梦中，在潜意识更宽广的视野里，它才神奇地浮现出来。

小说家史蒂文森创作《化身博士》的过程，更为我们提供了一个生动的范例。史蒂文森说他原本就想写一个“双重人”的故事，在原来的构想里，温文儒雅的学者杰克博士，经过“人为乔装”化身成丑陋邪恶的侏儒海德先生，外出干坏事。但在写作过程中，有一晚他梦见海德（丑恶的侏儒）因罪被追赶，在走投无路时服下药粉，而在追捕者面前起了一场可怖的变形。也许是梦境太恐怖了，史蒂文森竟在梦中发出尖叫，而被妻子摇醒。醒来后，他觉得梦中“服下药粉而身不由己变形”的场景，比他白天所想“人为乔装”要来得好，于是他花三天的时间，文思泉涌地写了二万七千字。一气呵成后，他得意地拿给妻子看，但妻子却觉得整个故事的安排流于激情，而疏忽了道德的议题，也就是说那看起来好像只是一场“恐怖的怪梦”，而不是一篇“有格调的好小说”。史蒂文森听从妻子的建议，又花三天的时间改写，添加了诸如“我自己在道德的层面认识到人有一种全然而原始的双重性……我经常在分成两个人的幻想中沉溺于快乐。我告诉自己说，如果两个自我都有各自独立的身份，那么生命的一切重担都将烟消云散”的思考，因为有这种“道德议题”的发挥，而使《化身博士》这篇小说更臻于完美。

法国小说家纪德说：“伟大的作品是由疯狂所唤起，而由理智来完成。”疯狂是潜意识，理智是意识，伟大的创造就是潜意识和意识交会后的产物。

双重挑战：你要如何移动富士山？

创造是想象与现实的交会，比天马行空的想象力更重要的是，你是否能为它找到一条重返现实之路。

比尔·盖茨曾说："微软是一家经营想象力的公司。"虽然卖的是电脑软件及相关产品，但要在资讯界一马当先，靠的是不断创新，而要创新，就要先有丰富的想象力，所以盖茨说得没错，微软经营的的确是想象力。为了吸收能不断创新的一流人才，微软公司除了四处挖角外，也经常在招募新进员工的最后面试时，出一些怪题来测试应聘者的创意和想象力，譬如"为什么下水道井的盖子是圆的？""目前世界上有多少个钢琴调音师？""你能为耳聋的人设计一个闹钟吗？""你要如何移动富士山？"等等。要在短短的几分钟内回答这类的问题的确不容易，它成了应聘者最大的挑战，或者梦魇。

这些怪题有的像"头脑的体操"，譬如"不能过磅，如何测量一架喷气式飞机的重量？”这显然是三国时代“曹冲秤大象”的现代版，如果你事先看过，就不难知道答案。但面试者并不见得喜欢标准答案，譬如对“为什么下水道井的盖子是圆的？”这个题目，如果回答“这样盖子才不会因松脱而掉进下水道里”，答案非常正确，但可能只有及格分数；如果回答“因为下水道井的口是圆的”，直接而明了，分数可能高一点；如果回答“你先回答我为什么消防队员的背带是红色的，我就告诉你答案”，举一反三、反客为主，分数可能会更高。

有些题目则没有人知道答案，到目前还没有答案或根本就没有答案，譬如“目前世界上有多少个钢琴调音师？”“一般说来，曼哈顿的电话簿要翻动几次才能找到你要找的人名？”“你要如何为只有一只手的人设计键盘？”“你会怎样设计比尔·盖茨的浴室？”问这些问题，面试官想要了解的其实是应聘者碰到问题时的解决方式。譬如“目前世界上有多少个钢琴调音师？”这个问题，它没有现成的答案，重点是你要如何推想？如果你能根据人口、文化经济水平，先估算出大概的钢琴数量，再假设每架钢琴多久调音一次，一个调音师一年可调几架钢琴，那就可以推估调音师的数量。当然，你假设的数据或比例也许不对，但在方向和方法上则是可行的，这样你的分数应该不错。

有人曾经问过比尔·盖茨，出“你要如何移动富士山？”这样的怪题，究竟是想寻找什么样的人才？盖茨的回答是：对这类问题，应聘者提出的答案正确与否并不重要（因为没有正确答案），他们要看的是应聘者在寻找答案时，是否具有想象力，又是否循着有效的思考方式去思考问题。譬如不管你想用什么方法来“移动富士山”，你都要说明你为什么会想到用这种方法，它在逻辑上是否站得住脚？你又要如何解决技术上的问题等。这当然比“愚公移山”困难许多，但微软要的不是正确答案，而是要看你的想象力和创意，还有你的想象力和创意是否经得起现实的考验。

科幻小说鼻祖凡尔纳说：“只要一个人能想象的，就有另一个人能将它付诸实现。”的确，是有人先想象人可以在天上飞，然后有人发明了飞机，让人真的可以在天上飞，但这中间却相差了数千年。如何缩短想象与现实之间的差距，可能比只有丰富的想象力更重要，也许，这是微软更重视的，也是它一直能领先群伦的最大原因。而这其实也是每个有志成为创造者的人最好的自我测试，要使创意成真，不只要有丰富的想象力，而且要能让想象力在现实的土壤上生根，将来才有开花结果的一天。

东西合璧：音乐才子混搭面包冠军

周杰伦的《东风破》和吴宝春的“桂圆酒酿面包”让人赞不绝口，因为他们将东方与西方元素做了巧妙的结合。

“一盏离愁孤灯伫立在窗口，我在门后假装你人还没走。旧地如重游，月圆更寂寞。夜半清醒的烛火不忍苛责我，一壶漂泊浪迹天涯难入喉……”虽然像是在听一首白话新诗，但却让人想起唐诗宋词的意境；虽然用的是二胡、琵琶等中国古典乐器，但有的却是现代西方流行音乐的节奏，它就是得过很多大奖的音乐才子周杰伦的《东风破》。

《东风破》看似传统的词牌名，但重点在“破”，破除东方或中国传统音乐的框框，引进西方流行音乐的元素，融合成一种中西合璧、独特的嘻哈或节奏蓝调。周杰伦曾说：“想办法把感觉完全不同的东西揉在一起，就是我寻找灵感的必杀技！”从早年的《威廉古堡》《爸，我回来了》，到后来的

《东风破》《发如雪》《青花瓷》，还有与费玉清合作的《千里之外》，都属融合多元音乐素材的混搭作品，而中西合璧就是一个最明显的标记。不只音乐方面如此，他那“唐装配牛仔裤”的招牌穿着也是一种中西混搭。连后来涉足电脑设计，替华硕设计的笔记本电脑造型，也是以青花瓷融合巴洛克风，运用中西合璧的概念，而笔记本电脑外壳上那大大的英文字，则是他用毛笔挥毫的杰作。

我们可以说这是一种“组合式思考”，但也可以说它是“东方与西方交会”迸出的璀璨火花。其实，不只音乐界，在其他很多领域都可以看到这种融合或交会，譬如近几年流行的“创意料理”，有鲜笋焗烤沙朗牛、意大利面疙瘩、巧克力鸡腿等中西合璧、和汉混搭的新奇菜肴，让一些想尝鲜的饕客食指大动。

二〇〇八年三月，在有五十多个国家代表参加的巴黎世界杯面包大赛里，来自中国台湾的吴宝春以“桂圆酒酿面包”勇夺冠军，名扬世界。面包其实是欧洲人，特别是法国人的强项，一个年轻的东方人能在强敌环伺下脱颖而出，征服西方人的味蕾，确实是不简单。吴宝春的胜出，除了得自于他精湛的烘焙技巧外，他的创意更是功不可没。“桂圆酒酿面包”正是他自行研发出来的中西合璧的极品杰作。

桂圆（龙眼）干是台湾人很熟悉的一种食材。吴宝春说桂圆干对他具有特别的意义，小时候因为家境清苦，只有在补冬、过冬的桂圆糯米粥里才能吃得到；直到今天，桂圆干还是让他难忘的上等食材，每每桂圆干一入口，他就想起终身劳苦的母亲。所以当他要烘焙出心目中的极品面包时，他自然想到了桂圆干，而且以怀念母亲的心情来调制桂圆干。但为了制作出可以掳获欧洲人味蕾的特色面包，所以他又引进了西方元素，在桂圆面包里加入西方人喜爱的红酒来提味。甫从烤箱出炉的“桂圆酒酿面包”散发阵阵酒香，夹着桂圆的浓郁滋味，中西合璧的创新口感果然让人齿颊留香，赞不绝口。

其实，只要肯多动点脑筋，不难发现异文化元素之间潜藏着无数可能的结合，但要如何将它们组合成让人赞赏的新花样，除了创意外，更需要功力。

新旧融合：第一亿一千五百三十二万只烤鸭

不管是以现代的手法来再现传统，或是以传统的形式来表现现代，当传统遇到现代时，总是会让人在错愕中有着惊喜。

前些年，台湾的电视台曾转播连续剧《天下第一楼》，收视率相当不错。《天下第一楼》说的是历史悠久的北京全聚德烤鸭店的故事，但恐怕很少人知道这部连续剧是由如今的全聚德集团公司出资，主动找影视公司合作拍摄的。这样做固然在表示全聚德重视它的历史传承与文化使命，同时也是为了促销，在连续剧播出后，北京几家分店的上座率和营业额都增加了50%以上。

创建于一八六四年（清同治三年）的全聚德，是一家老字号，所谓“一炉百年的火，铸成了全聚德”，虽然历史悠久，但近些年来却一直努力创新，以现代元素让古老传统产生新生命，前述《天下第一楼》连续剧的制作就是一个范例。在二〇〇四年七月二十六日，全聚德庆祝它创建一百四十周年，当天在刚开业的亚运村分店出炉了该店的第一亿一千五百万只烤鸭，而且从那一天开始，凡是到北京五家直营店的客人，都会在品尝烤鸭时，收到一张“全聚德烤鸭纪念卡”，上面印着烤鸭照片、全聚德简介，还有你正在吃的这只烤鸭在全聚德出炉的历史编号。在用完餐步出餐厅时，门口现代化的电子看板又会再度显示出你刚刚收到的那个历史编号，在那一刹那，客人会产生“与有荣焉”的感觉，觉得自己不只是来吃烤鸭而已，还参与了全聚德的历史，缔造了全聚德的历史，自己也因而成了全聚德传统的一部分。这种结合传统与现代的手法，让所有的顾客都留下了深刻的印象。

全聚德不仅在北京有好几家分店，在全国各地也广设加盟店，更将触角伸到美、日及世界各国，企图成为像肯德基和麦当劳一样的世界餐饮霸主。全聚德烤鸭的传统做法是用果木烤制，这不仅需要火候和经验，而且可能对环境造成污染，为了因应加盟店缺乏老到经验以及世界各地的环保要求，全聚德特别研发出一种非常现代化的“智能烤鸭炉”，工作人员只要“照章行事”，做出来的烤鸭味道就能和果木烤鸭一样好。从“一炉百年的火”中能迸出这种求新求变的创意，也的确让人刮目相看。

所谓“现代与传统的交会”，并不单单是用现代的方法来再现传统、赋予传统新意而已；反过来，用传统的形式来表现现代，也是一种令人惊喜的创新。譬如张系国写了一本书叫《趣味电脑》，原是在介绍电脑这种现代科技的相关知识，但却以传统章回小说的方式来呈现：第一回“俏电脑牵手说风情”，第二回“蓝田玉神游太虚境”，第三回“碟奥斯毒设相思局”，第四回“佛传世斩情归水月”……不仅令人耳目一新、拍案叫绝，而且大大增加它的可读性，缩短人与电脑的距离。其实，不少现代新科技产品都会以大家熟悉的传统图像或形式来包装，目的就是要增加它的亲切感和深度感。

有人让传统遇到现代，有人让现代遇到传统，传统与现代其实是互通的，因为每个传统都曾经是现代，而每个现代也都将成为传统。

回顾现在：攀岩者与女店员

现在迟早要遇到未来。所谓“洞烛先机”的创新，不是站在现在，设想未来；而是站在未来，回顾现在。

驰名全球的管理学大师，《基业长青》《从优秀到卓越》等畅销书的作者柯林斯，在青少年时代就喜欢上攀岩活动，读大学时去挑战黄金山峡谷里的创世纪攀岩路线，当时还没有人徒手攀登成功，他虽然身强体壮，而且不断练习改进，但每次都铩羽而归。后来他觉得真正阻挠他的并非体能而是心境，他被迄今无人能徒手攀登成功的纪录所恫吓，就是这个框框局限了他。他从攀岩历史里发现一个有趣的现象：

凡是被某一代攀岩人士认为“不可能成功”的路线，通常经过两代之后，就有人创新纪录。而一旦有人攀登成功，它看起来就不再“那么难”，成功攀登的后继者就越来越多。但与其说这是后来的攀岩者体力和技术比较好，不如说是他们克服了“无人成功”的心理障碍。于是他和自己做了一个心理游戏，将时间推移到十五年后，然后自问那时的攀岩者将如何看创世纪路线？答案很清楚，十多年后，已有很多人攀登成功，创世纪路线不过是攀岩者为挑战更艰难任务前的暖身运动而已。于是他改用这种眼光和心情来看矗立在他身前的岩壁，然后一鼓作气，终于成功地攀上顶端，完成了过去被认为不可能的任务，让自己和旁人都大为吃惊。

柯林斯后来更发现，他当年用来征服创世纪攀岩路线的“先见之明”，其实也就是很多高瞻远瞩、深具未来视野的企业领导人所共有的思考方式和眼界，他们鉴往知来，“让现在遇见未来”，以未来世代的“事实”来规划自己现在的“梦想”。

有一位少女到纽约市的一家高级服装店当店员，她每天都能看到一些雍容华贵的淑女搭乘豪华轿车来到店里，在店里试穿漂亮的衣服。这位少女看在眼里，羡慕在心里，她决定自己将来也要当老板，并成为社会名媛中的一员。于是，她除了认真学习、努力工作外，更在每天开始工作之前，对着试衣镜露出温柔而自信的笑容，想象自己“已经”是个雍容华贵的夫人。然后，她就以这样的心情和态度去工作，不仅在待人接物时落落大方，亲切有礼，深受女顾客们的喜爱；

而且尽心尽责，积极投入，得到了女老板的赏识与信赖。不久，女老板就把这家服装店交给她去管理，一段时间后，她自己闯出了名号，不仅成了她过去所向往的女老板、社会名媛，而且更成了服装设计界的翘楚，她就是安妮特夫人。

每个人对未来都有憧憬，安妮特夫人跟人家不一样的地方是她让“未来遇见现在”，以“未来的我”来要求“现在的自己”，结果果然成为“未来的我”，就像心理学家詹姆斯所说：“如果你想具有某种特质，那就想象自己已经拥有那种特质般去表现。”现在已经是未来，让你现在就遇见未来，不仅能让你洞烛先机、未雨绸缪、更有创意，而且能让你的生活更惬意、更刺激。

神圣比例：科学与艺术的黄金分割

造物主不仅是个艺术家，更是个科学家。科学与艺术的交会和融合，是创造的最高极致，也是人类一直渴求的目标。

诺贝尔物理学奖得主李政道说："科学与艺术是一枚硬币的两面，连接它们的是创造性。"科学与艺术，就像理性与感性，左脑与右脑，表面上看起来似乎截然不同、泾渭分明，但却都是人类创造力的具体表现，它们可以说是人类文明的两大支柱。

人世间的创造者，通常不是偏向于科学就是偏向于艺术，但对最伟大的创造者——造物主来说，他的作品却往往是既科学又艺术的，譬如构成宇宙万物的元素，在经过门捷列夫的推敲、整理后，发现元素周期表不管在内容和形式上，竟然都是那样的对称协调，各行各列、上下左右，都有着美妙的联系，就像有节奏的乐章、美丽的花边图案，是一个和谐而圆满的整体，中间缺一个元素都不行。而从行星的运行（开普勒定律）到植物花瓣的数目（斐波那契数列），我们更看到了隐藏在宇宙美丽万象背后的科学定律，以及这些定律的简洁与优雅之美。难怪有人会说，造物主不仅是个艺术家，更是个科学家、数学家。

科学与艺术的交会和融合，是创造的最高极致，其实它也是人类一直渴求的目标。我们不仅希望我们所创造的东西，能够符合科学的要求，能够经济、耐用、方便；更希望它美观、高雅、怡人，符合艺术的要求，满足和提升我们的审美情趣。譬如闹钟在刚问世时，它的声音单调而刺耳，但有人将它改为悦耳的音乐声，立刻受到欢迎；汽车在刚发明时，外形也显得相当笨拙，但朝美感的方向发展却是必然的趋势，因为既科学又艺术才能给人最深邃的满足。而最让人称道的莫过于黄金分割，数学上这种特殊的比例关系隐藏着令人惊讶的美学意义，从埃及的胡夫金字塔、希腊的太阳神阿波罗和维纳斯雕像、印度的泰姬陵到中国的故宫、法国的巴黎圣母院，它们都是有意无意地在运用黄金分割法则，来产生造型之美。而敏感度高的创新者，在创制新的办公桌、衣柜、电视屏幕、笔记本电脑时，也都不会忘记让它们的长宽比例能符合黄金分割，更具美感、更赏心悦目。

将科学与艺术做最复杂、最密切结合的莫过于建筑，它一方面是土木工程的科学问题，一方面是造型景观的艺术问题，如何让两者相辅相成，处处考验着每一个建筑师的创意。香港的中银大厦就是一个典型的例子，它是建筑大师贝聿铭的代表作之一，在设计之初，贝聿铭就面对了几个科学和现实问题，他必须在地皮面积狭小、台风频繁、经费拮据的条件下，建出一栋七十层的超高大楼。在科学技术上，贝聿铭采用经济实惠的纵向空间框架取代传统造价昂贵的I型柱组合，每隔十三层楼以斜构件使大楼的纵向和横向负荷都转移到底部的四根角柱上，但这样会在玻璃帷幕上形成看似不祥的“X”字，为了让它符合美学的要求，贝聿铭把它们装点成一系列互相交叉的宝石；而且把到一定高度就往内缩一层的大厦让人和中国人熟悉的竹子产生联想，就像贝聿铭所说“节节高，步步高，在中国也是吉祥的象征”。除了希望中国银行“节节高，步步高”之外，它还有另一层象征意义，因为竹子在中国代表“清高脱俗”，它正可以冲淡银行的“铜臭味”。也因此，香港的中银大厦就成了融合科学与艺术的经典之作。

黄金分割又被称为“神圣比例”或“神圣分割”，对每一种新的创造，它的科学和艺术成分，似乎也应该有这样的“神圣比例”。

关键舞台：来到巴黎的西班牙画家

为什么那么多杰出的艺术家都会来到巴黎？对一个有抱负的创造者来说，这似乎是必然的，因为他知道他的舞台在哪里。

毕加索、米罗和达利被称为西班牙的三大现代画家，但他们都是在巴黎闯出名号，奠定其世界级大师的地位。毕加索在一九〇〇年初抵巴黎，年方十九岁；米罗在一九一九年来到巴黎，时年二十六岁；达利在一九二六年到巴黎，当时是二十二岁。如果他们三个人当年都没有在年轻时代就前往巴黎，以巴黎作为他们主要的活动舞台，而是终生留在自己故乡的小镇创作，那他们有可能成为世界级的大师吗？

机会可以说相当渺茫。一方面因为巴黎乃是十九世纪到二十世纪中叶世界艺术的中心，各种不同的思潮、流派在这里诞生、交会、激荡、融合，你必须置身其中，接受它的洗礼，才能有反映时代脉动的创见。另一方面巴黎会大大提高你的能见度，让世人有机会认识你；如果你待在穷乡僻壤，那么即使画得比毕加索好，也不会有人知道、有人理你。

创造需要很多条件的配合，在外在条件中，最重要的莫过于个人所置身的舞台。二十世纪初年的拉玛努贾，可能是好几个世纪来最有天分的自然数学家，但不幸的是他出生于世界数学边陲地带的印度，在对现代数学一无所知的偏远城镇长大，虽然他自修数学多年，独自完成了很多数学方面的重大发现，可惜的是这些发现都是西方数学家在几个世纪间陆续发表过的（拉玛努贾缺乏这方面的资讯）。有人发现他的奇才，而鼓励他到伦敦去更上一层楼，但为时已晚，当他在一九一四年抵达剑桥大学时，已经二十八岁，似乎过了一个数学家原创性的高峰期，而且因为水土不服，五年后即怏怏折返印度，并在翌年过世。

根据统计，美国有一半以上的国际象棋神童，都来自纽约、旧金山与洛杉矶这三个都会区。但这三个都会区的人口只占全美人口的十分之一，为什么神童特别多？究其原因是这三个城市的国际象棋成熟度相当高，高手云集，提供了小孩子最佳的学习和过招机会。它就好像说今天全世界有一半以上的杰出画家都出现在纽约和巴黎一样。

爱因斯坦在一九〇五年发表他的狭义相对论时，是瑞士专利局一名默默无闻的职员，看起来似乎是远离当时欧洲物理学的中心地带，但我们要知道他那篇论文（事实上一共是五篇）是在赫赫有名的《物理学年鉴》上发表的。虽然刚开始时没有引起很大的回响，但至少像普朗克、维特科夫斯基等大师都注意到了，并且将它介绍给当时欧洲物理学界的名流，而使爱因斯坦的名声在两三年间扶摇直上，在一九〇九年一跃成为苏黎世大学的物理学助理教授，奠定了他在学术界的地位和网络。一流的学术性期刊就是科学家的巴黎或纽约，是他们崭露头角的舞台。

如果爱因斯坦不想和当时的物理主流挂勾，而选择将他的论文投稿到三流期刊上，或者自行出版小册子，那结果会如何呢？我们很难预期爱因斯坦会做这种选择，根据爱因斯坦妹妹的回忆，爱因斯坦当时一直期待、想象“能在有名望的、拥有众多读者的期刊上发表论文”，以便“引起注意”，即使是“最强烈的反对、最严厉的批评”也好。这不是势利眼或投机，而是每一个头脑清楚的人都会这样做的。

所以，毕加索、米罗和达利，为什么会在不同的时刻不约而同来到巴黎呢？对一个伟大的创造者来说，这似乎是必然的，因为他知道他的舞台在哪里。

缤纷多样：让世界成为五百座岛屿

基因的多样性，是成功的生物进化所必需；文化的多样性、社会的多元性，是辉煌的文明创新所必需。

出版过《中国的科学与文明》经典巨著的科技史学家李约瑟，心中一直存在着一个疑问："为什么现代科学不是发祥于中国，而是诞生在欧洲？"关于这个问题，有一个答案是：从十五世纪开始，欧洲逐渐迈向政教分离，帝国解体，小国林立，商人、工匠与市民阶级兴起的局面，政治、宗教上的大一统逐渐崩解，文化越来越多样性，社会也越来越多元化，它们就好像基因的多样性，会提升创新的能力，加速进化的脚步，而现代科学的发祥只是这种创新与进化中的一环。

社会进化就跟生物进化一样，一个新观念、新发明、新哲学、新制度，从诞生到站稳脚步，需要有一个安全而空旷的"壁龛"供它发展。小国林立的另一个好处是，一个科学家、思想家的创见或学说如果在祖国受到压制，他可以逃到别的国家去继续鼓吹。譬如伽利略《两大世界体系间的对话》（主张并证明日心）在意大利一出版，就被教廷列为禁书，伽利略还因而下狱。但不屈不挠的他在出狱后还继续研究，而将他更完整的观点送到荷兰出版，让其他的欧洲人认识他的新观点。又譬如哲学家伏尔泰一再发表批评时政、鼓吹革命的著作，将他视为眼中钉的法国政府一直想捉拿他，但伏尔泰却将自己的家建在法国与瑞士的边界上，一听到法军要来捉拿他，他就溜进瑞士避难。

正因为有别的国家可以作为避难、喘口气的“壁龛”，所以科学、政治、社会各方面的创新种子不至于一冒出头就遭到扑杀，而能有成长、开花、结果的机会。反观中国，从十五世纪到二十世纪初，在政治及思想上一直处于大一统的局面，个人几乎无所逃于天地之间，帝国严密的组织可以立即扑杀他不喜欢的新事物。西方的罗马帝国时代也类似这种情况，而当时的创造力也乏善可陈。反之，中国春秋战国时代则类似十五世纪后的欧洲，小国林立，互争雄长，一国的阶下囚可以成为他国的座上宾，思想的“安全壁龛”特别多，因此百家争鸣，成为中国历史上最活泼、最具创造性的时代。

但这也不是说十个小国会比一个大国更有创造力，现代的美国是个大国，但也是很有创造力的国家，这跟他本身是个民族大熔炉，文化多样、社会多元有很大关系。前些年，美国曾发生过激烈的文化大论战，有些学者力主应该保护各国移民的文化，不要让他们被美国的主流文化所同化，因为种族、文化与社会的多样性一直是让美国充满创新活力的主要元素。而联合国的教科文组织也在二〇〇一年通过了《世界文化多样性宣言》，鼓励各国在经济全球化的同时，应该重视、保存自己独特的文化，并在和其他文化交流时有所创新。文化的多样性不只能提供创造的灵感，而且更能丰富人类的生活，如果全球文化不管是经由兼并或融合为一，沦为单一的文化，那将是人类的梦魇。

经济学家伯丁认为，为了维持文化的多样性，一个理想的世界是由大约五百个国家所组成，每个国家都像岛屿一样有自己独特的文化及认同，有产生创新的能力，同时又通过贸易、旅行及国际组织而彼此有密切的交流。也许，这是值得我们深思的另一种“创意乌托邦”。